⚠ 放輕鬆！ 多讀會考的！ ⚠

（一）瓶頸要打開

肚子大瓶頸小，水一樣出不來！考試臨場像大肚小瓶頸的水瓶一樣，一肚子學問，一緊張就像細小瓶頸，水出不來。

（二）緊張是考場答不出的原因之一

考場怎麼解都解不出，一出考場就通了！很多人去考場一緊張什麼都想不出，一出考場**放輕鬆**了，答案馬上迎刃而解。出了考場才發現答案不難。

人緊張的時候是肌肉緊縮、血管緊縮、心臟壓力大增、血液循環不順、腦部供血不順、腦筋不清一片空白，怎麼可能寫出好的答案？

（三）親自動手做，多參加考試累積經驗

106-110 年度分科題解出版，還是老話一句，不要光看解答，自己**一定要動手親自做**過每一題，東西才是你的。

考試跟人生的每件事一樣，是經驗的累積。每次考試，都是一次進步的過程，經驗累積到一定的程度，你就會上。所以並不是說你不認真不努力，求神拜佛就會上。**多參加考試**，事後檢討修正再進步，你不上也難。考不上也沒損失，至少你進步了！

（四）多讀會考的，考上機會才大

多讀多做考古題，你就會知道考試重點在哪裡。**九華考題，題型**系列的書是你不可或缺最好的參考書。

祝　大家輕鬆、愉快、健康、進步

九華文教　陳木生 主任

I

❧ 感　謝 ❧

※　本考試相關題解,感謝諸位老師編撰與提供解答。

※　由於每年考試次數甚多,整理資料的時間有限,題解內容如有疏漏,煩請傳真指證。
　　我們將有專門的服務人員,儘速為您提供優質的諮詢。

※　本題解提供為參考使用,如欲詳知真正的考場答題技巧與專業知識的重點。仍請您接
　　受我們誠摯的邀請,歡迎前來各班親身體驗現場的課程。

■ 配分表

科目	章節	土木技師 年度					結構技師 年度					章節配分加總
		110	109	108	107	106	110	109	108	107	106	
土壤力學	01.土壤基本性質及分類				25			25	25			75
	02.土體中應力							25				25
	03.滲透性			25	25		25			25		100
	04.壓縮性質	25	20		25		25		20	25		140
	05.土壤剪力強度			25		25				25		75
	合計	25	20	50	75	25	50	50	45	75	0	415
基礎工程	01.開挖與擋土結構		20			35		25	25	25	45	175
	02.邊坡穩定						25					25
	03.淺基礎承載力		20					25			20	65
	04.樁基礎	25					25					50
	05.土壤夯實及改良		20	25							35	80
	合計	25	60	25	0	35	50	50	25	25	100	395
工程地質	01.工程地質及工址調查	50	20	25		20						115
	02.其他及名詞解釋				25	20			30			75
	合計	50	20	25	25	40	0	0	30	0	0	190
總和		100	100	100	100	100	100	100	100	100	100	1000

科目	章節	高考三級 年度					基特三等 年度					章節配分加總
		110	109	108	107	106	110	109	108	107	106	
土壤力學	01.土壤基本性質及分類	24			25	25			20			94
	02.土體中應力		25					25			25	75
	03.滲透性					25	25		20			70
	04.壓縮性質			25			25	25				75
	05.土壤剪力強度		25	25	25	25		25	20			145
	合計	24	50	50	50	75	50	75	60	0	25	459
基礎工程	01.開挖與擋土結構	25		25	25		25			35		135
	02.邊坡穩定											-
	03.淺基礎承載力		25		25		25	25	20	15	25	160
	04.樁基礎	26	25	25		25					25	126
	05.土壤夯實及改良										25	25
	合計	51	50	50	50	25	50	25	20	50	75	446
工程地質	01.工程地質及工址調查	25										25
	02.其他及名詞解釋								20	50		70
	合計	25	0	0	0	0	0	0	20	50	0	95
總和		100	100	100	100	100	100	100	100	100	100	1000

目　錄

土壤力學

基礎工程

目錄

工程地質

土壤力學

Chapter **1** 土壤基本性質及分類
重點內容摘要

（一）單位重

1. 統體單位重 $\gamma_m = \dfrac{W}{V}$

2. 乾土單位重 $\gamma_d = \dfrac{W_s}{V}$

3. 土粒單位重 $\gamma_s = \dfrac{W_s}{V_s}$

4. 飽和單位重 $\gamma_{sat} = \dfrac{G_s + e}{1+e}\gamma_w$

5. 浸水單位重 $\gamma' = \gamma_{sat} - \gamma_w = \dfrac{G_s - 1}{1+e}\gamma_w$

6. 土粒比重 $G_s = \dfrac{\gamma_s}{\gamma_w}$

（二）1. 含水量 $w = \dfrac{W_w}{W_s} \times 100\%$，可大於 100%，多小於 100%

2. 孔隙率 $n = \dfrac{V_v}{V} \times 100\%$，小於 100%

3. 孔隙比 $e = \dfrac{V_v}{V_s}$，可大於 1

4. 飽和度 $S = \dfrac{V_w}{V_v} \times 100\%$，0%~100%

5. 常用關係式：$\gamma_d = \dfrac{\gamma_m}{1+w} = \dfrac{\gamma_s}{1+e}$；$w = \dfrac{Se}{G_s}$；$n = \dfrac{e}{1+e}$

6. 土粒體積設為 1 之三相圖：

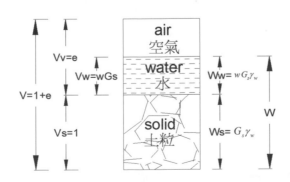

（三）1. 相對密度：$D_r = \dfrac{e_{\max} - e}{e_{\max} - e_{\min}}$

2. 均勻係數 $C_u = \dfrac{D_{60}}{D_{10}}$；曲率係數 $C_d = \dfrac{(D_{30})^2}{D_{10} \times D_{60}}$

3. 統一土壤分類（USCS）之優良級配（W）：

（1）礫石（G）：$C_u \geq 4$，$C_d : 1 \sim 3$

（2）砂（S）：$C_u \geq 6$，$C_d : 1 \sim 3$

（四）1. 阿太堡限度：液性限度（LL）、塑性限度（PL）、縮性限度（SL）

2. 阿太堡指數：塑性指數 $PI = LL - PL$；流性指數 $FI = \dfrac{w_1 - w_2}{\log N_2 - \log N_1}$

3. 液性指數 $LI = I_L = \dfrac{w_n - PL}{PI}$

稠性指數 $I_c = \dfrac{LL - w_n}{PI}$，$I_L + I_c = 1$

4. 塑性圖上 A-Line：$PI = 0.73(LL - 20)$，上方為黏土 C，下方為粉土 M（斜線區下亦為 M），斜線區為 CL-ML

5. 活性 $A_c = \dfrac{PI}{\text{粘土含量(\%)}}$，黏土含量係指土壤顆粒粒徑 $< 2\mu m$（$0.002mm$）所佔百分比（小於#40 篩的土顆粒中所佔的比例）

參考題解

一、某飽和土壤之比重 $G_s = 2.72$，孔隙比 $e = 0.70$，試求：

(一) 乾土單位重。（5 分）

(二) 飽和單位。（5 分）

(三) 浮水（浸水）單位重。（5 分）

若土壤飽和度為 $S_r = 75\%$ 時，試求：

(四) 濕土單位重。（5 分）

(五) 含水量。（5 分）

（106 高考-土壤力學#1）

參考題解

(一) 乾土單位重 $\gamma_d = \dfrac{\gamma_s}{1+e} = \dfrac{2.72 \times 1}{1+0.7} = 1.6\,t/m^3$

(二) 飽和單位重

(三) 浮水（浸水）單位重 $\gamma' = \dfrac{G_s - 1}{1+e}\gamma_w = \dfrac{2.72-1}{1+0.7} \times 1 = 1.01\,t/m^3$

飽和度 $S_r = 75\%$，

(四) 濕土單位重 $\gamma_m = \dfrac{G_s + Se}{1+e}\gamma_w = \dfrac{2.72 + 0.75 \times 0.7}{1+0.7} \times 1 = 1.91\,t/m^3$

(五) 飽和度 ，含水量 $w = \dfrac{Se}{G_s} = \dfrac{0.75 \times 0.7}{2.72} = 19.3\%$

二、繪製土壤顆粒體積為一單位之土壤三相圖（Three phase diagram），詳細標註其各相之體積及重量（5 分），並據以推導下列公式：

(一) 推導夯實理論中零空氣孔隙曲線（zero-air-void curve）$\gamma_{zav} = \dfrac{\gamma_w}{w + 1/G_s}$，式中 $\gamma_{zav} = $ 零空氣孔隙單位重，$\gamma_w = $ 水單位重，$w = $ 重量含水量，$G_s = $ 土壤顆粒比重。（10 分）

(二) 定義土壤體積含水量 θ 為孔隙水體積 (V_w) 對總體積 (V_T) 之比值 $(\theta = V_w/V_T)$，試推導體積含水量與重量含水量 (w) 之轉換公式。（10 分）

（107 高考-土壤力學#1）

參考題解

（一）繪製土壤顆粒體積為一單位之土壤三相圖如下：

設空氣重量 $W_a = 0$

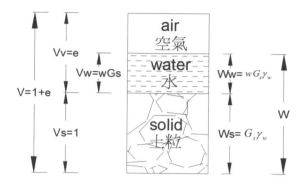

（二）由三相圖可知，$\gamma_d = \dfrac{W_s}{V} = \dfrac{G_s \gamma_w}{1+e}$

因孔隙體積為零，$V_v = V_w$，得 $e = wG_s$，代入上式

$\gamma_{zav} = \dfrac{G_s \gamma_w}{1 + wG_s} = \dfrac{\gamma_w}{w + 1/G_s}$ ，得解。

（三）$\theta = V_w / V_T$，由圖可得 $\theta = \dfrac{wG_s}{1+e}$

三、某工址鑽探調查孔物理性質試驗表部分資料如下表所示：

取樣深度（m）	標準貫入試驗			粒徑分析（%）				含水量（%）	液性限度（%）	塑性限度（%）	比重	單位重 kN/m³
	15cm	15cm	15cm	礫石	砂	粉土	黏土					
1	4	5	6	1	85	14	0	24	-	-	2.71	19
2	1	1	2	0	5	53	42	19	20	14	2.70	18
3	1	2	2	0	1	39	60	35	39	20	2.68	18

請依據上述資料回答以下問題：

（一）說明標準貫入深度試驗並計算 1 公尺深度之 SPT − N 值。（5分）

（二）計算 2 公尺深度取樣土壤之塑性指數並說明其統一土壤分類符號。（10分）

（三）計算 3 公尺深度取樣土壤之孔隙比及飽和度。（10分）

（107 土技-大地工程學#2）

參考題解

（一）標準貫入試驗（SPT）：以 63.5kg（140 磅）重的夯錘（hammer），落距 76.2 cm（30in），打擊劈管取樣器（standard split-spoon sampler）貫入土層 45 cm（或打擊數達 100 次為止），每循環打擊分三段（每段 15 cm）記錄次數，後二段（30 cm）之打擊次數總合即為 SPT − N值。

1 公尺深度之 SPT − N值為 11。

（二）2 公尺深度取樣土壤，塑性指數 $PI = LL − PL = 20 − 14 = 6$

A − Line：$PI = 0.73(LL − 20) = 0.73(20 − 20) = 0$，在 A − Line上方

$4 ≤ PI = 6 ≤ 7$，落在塑性圖陰影區中，

依統一土壤分類為 $CL − ML$（低塑性粉土質黏土或低塑性黏土質粉土）

（三）3 公尺深度取樣土壤，由 $\dfrac{\gamma_m}{1+w} = \dfrac{\gamma_s}{1+e}$，

將數據代入，$\dfrac{18}{1 + 0.35} = \dfrac{2.68 \times 9.8}{1 + e}$，得孔隙比 $e = 0.97$

$w = \dfrac{S \times e}{G_s}$，$0.35 = \dfrac{S \times 0.97}{2.68}$，得飽和度 $S = 96.7\%$

四、某施工場址於回填 2 m 厚的砂質土壤後進行夯實，夯實前回填土之相對密度為 50%。該回填土壤於實驗室試驗獲得ㄕ最大孔隙比 0.95，最小孔隙比 0.55，土壤顆粒比重 2.65。施工規範要求回填土壤的夯實需達到相對夯實度（relative compaction）95%，試求：

（一）夯實前、後回填土的乾土單位重（kN/m³）。（15 分）

（二）夯實後回填土減低多少高度（m）。（10 分）

（108 結技-土壤力學與基礎設計#3）

參考題解

題型解析	常見之夯實應用題型
難易程度	中等題型
講義出處	108 土壤力學第 2 章例題 2-14 類似題

$$D_r(\%) = \frac{e_{max} − e}{e_{max} − e_{min}} = \frac{\gamma_{d,max}(\gamma_d − \gamma_{d,min})}{\gamma_d(\gamma_{d,max} − \gamma_{d,min})}$$

$$0.5 = \frac{0.95 − e_0}{0.95 − 0.55} \quad \Rightarrow \quad e_0 = 0.75$$

夯實前 $\gamma_{d,0} = \dfrac{G_s}{1 + e_0}\gamma_w = \dfrac{2.65}{1 + 0.75} \times 9.81 = 14.86 kN/m^3$ ....$Ans.$

$\gamma_{d,max} = \dfrac{G_s}{1 + e_{min}}\gamma_w = \dfrac{2.65}{1 + 0.55} \times 9.81 = 16.77 kN/m^3$

$\gamma_{d,min} = \dfrac{G_s}{1 + e_{max}}\gamma_w = \dfrac{2.65}{1 + 0.95} \times 9.81 = 13.33 kN/m^3$

相對夯實度（Relative Compaction）R . C . $= \dfrac{\gamma_d}{\gamma_{d,max}}$

題目提供相對夯實度（relative compaction）95%

$\Rightarrow 0.95 = \dfrac{\gamma_{d,1}}{\gamma_{d,max}}$

$\Rightarrow$ 夯實後 $\gamma_{d,1} = 0.95 \times 16.77 = 15.93\ kN/m^3$ ....Ans.

$\gamma_d = 15.93 = \dfrac{2.65}{1 + e_1} \times 9.81 \quad \Rightarrow \quad e_1 = 0.632$

$\Rightarrow \Delta H = \dfrac{\Delta e}{1 + e_0} \times H = \dfrac{0.75 - 0.632}{1 + 0.75} \times 2 = 0.135m$ ....Ans.

五、欲了解某工址土壤可壓密程度，茲以取樣器取得 500 ml 之土樣，稱其重量為 900 克，經烘乾後之重量為 850 克。土樣之飽和度為 27%，試問土粒之比重為何？另將此土樣置於夯實模內，其在最疏鬆狀態時之體積為 640 ml，相對密度為 70%，試求其在最緊密狀態時之體積為何？（20 分）

（108 三等-土壤力學與基礎工程#2）

參考題解

（一）$V = V_v + V_s = 500 cm^3$

$W_m = W_s + W_w = 900g$

$W_s = 850g \Rightarrow W_w = 900 - 850 = 50g \Rightarrow V_w = 50/1 = 50 cm^3$

飽和度$S = V_w/V_v = 27\% \Rightarrow V_v = V_w/27\% = 50/0.27 = 185.185 cm^3$

$\Rightarrow V_s = 500 - V_v = 500 - 185.185 = 314.815 cm^3$

$\Rightarrow \gamma_s = W_s/V_s = 850/314.815 = 2.70 g/cm^3$

$\Rightarrow G_s = \gamma_s/\gamma_w = 2.70/1 = 2.70$ ....Ans.

（二）$e = V_v/V_s = 185.185/314.815 = 0.5882$

$$e_{max} = V_{v,max}/V_s = (640 - 314.815)/314.815 = 1.0329$$

$$D_r(\%) = 70\% = \frac{e_{max} - e}{e_{max} - e_{min}} \times 100\%$$

$$\Rightarrow \frac{e_{max} - e}{e_{max} - e_{min}} = \frac{1.0329 - 0.5882}{1.0329 - e_{min}} = 0.7 \Rightarrow e_{min} = 0.3976$$

$$\Rightarrow e_{min} = V_{v,min}/V_s = (V - 314.815)/314.815 = 0.3976$$

$\Rightarrow$ 最緊密狀態 V $= 439.985cm^3 = 439.985ml$ ....Ans.

六、茲欲了解某工址現地土壤之緊密程度,故以取樣器取得 500 ml 之砂土,其重量為 900 克,而此砂土於烘乾後之重量為 850 克。若將此砂土置於夯實模內,其在最緊密狀態時之體積為 440 ml,而在最疏鬆狀態時之體積為 640 ml,若現地砂土之飽和度為 27%,請求得此砂土之相對密度。(25 分)

(109 結技-土壤力學與基礎設計#3)

參考題解

題型解析	為結合土壤顆粒結構與夯實試驗觀念之題型
難易程度	中等之夯實應用計算,觀念正確即可得分
講義出處	109 土壤力學 2.1(P.18) 類似例題 2-16(P.31)、例題 4-12(P.81)

現地砂土飽和度 $S = 27\%$

烘乾後 $W_s = 850g \Rightarrow W_w = 900 - 850 = 50g \Rightarrow V_w = 50cm^3$

現地砂土 $S = 27\% = V_w/V_v \Rightarrow V_v = 50/0.27 = 185.185cm^3$

現地砂土 $V_s = V - V_v = 500 - 185.185 = 314.815cm^3$

$\Rightarrow$ 現地砂土 e $= V_v/V_s = 185.185/314.815 = 0.5882$

$e_{max} = V_{v,max}/V_s = (640 - 314.815)/314.815 = 1.0329$

$e_{min} = V_{v,min}/V_s = (440 - 314.815)/314.815 = 0.3976$

$$D_r(\%) = \frac{e_{max} - e}{e_{max} - e_{min}} = \frac{1.0329 - 0.5882}{1.0329 - 0.3976} \times 100\%$$

$$= \frac{0.4447}{0.6353} \times 100\% = 0.699 \times 100\% = 70\%\ldots\ldots\ldots\ldots Ans.$$

七、如表所示鑽探報告，請依各項試驗填上數值。（每格 2 分，共 24 分）

表 鑽探報告

土樣編號	深度 m	標準貫入試驗 N值	統一土壤分類 USCS	顆粒分析			土粒比重 Gs	自然含水量 ω（%）	濕土單位重 γ_m（KN/m³）	孔隙比 e	液性限度 L.L.	塑性限度 P.L.	塑性指數 P.I.
				礫石 Grvel（%）	砂 Sand（%）	粉土粘土 Fine（%）							
s-1	1.5												

註：1 t=9.8 KN、1 kg=9.8 N

標準貫入試驗（SPT）打擊次數	N1=3、N2=5、N3=6			
標準貫入試驗銅圈土樣	銅圈內徑 di（cm）	銅圈內高 hi（cm）	銅圈內土壤濕土重 Wm（N）	銅圈內土壤烘乾重 Ws（N）
	3.1	7.2	1.0437	0.833
塑性限度試驗	3次毛玻璃搓土條至直徑3 mm開裂含水量 ω1=17.0% ω2=18.0% ω3=19.0%			

液性限度試驗	打擊次數N1=15、ω1=47.0% 打擊次數N2=20、ω2=43.0% 打擊次數N3=35、ω3=35.0%	

土粒比重試驗Gs	空比重瓶 W_c=0.784 N，乾土粒重 W_s=0.3626 N，瓶＋土＋滿水重 W_1=1.40434 N，空瓶＋滿水重 W_2=1.176 N，水溫T℃=20℃ （$\gamma_{WT℃}$=9.78236 KN/m³）[註：取小數點2位，4捨5入]

統一土壤分類參考資料	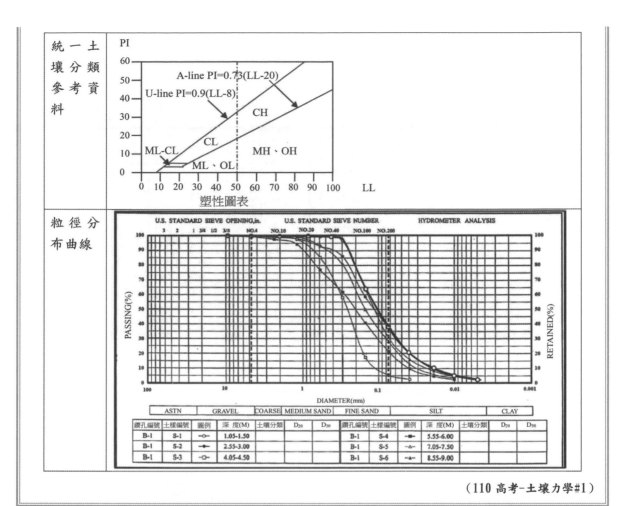
粒徑分布曲線	

塑性圖表

A-line PI=0.73(LL-20)
U-line PI=0.9(LL-8)

| ASTN | | GRAVEL | COARSE | MEDIUM SAND | FINE SAND | | SILT | | CLAY | |

鑽孔編號	土樣編號	圖例	深 度(M)	土壤分類	D_{20}	D_{30}	鑽孔編號	土樣編號	圖例	深 度(M)	土壤分類	D_{20}	D_{30}
B-1	S-1	─○─	1.05-1.50				B-1	S-4	─■─	5.55-6.00			
B-1	S-2	─●─	2.55-3.00				B-1	S-5	─△─	7.05-7.50			
B-1	S-3	─□─	4.05-4.50				B-1	S-6	─▲─	8.55-9.00			

（110 高考-土壤力學#1）

參考題解 ▶▶▶ **答案僅供參考**

（第1格）標準貫入試驗 $N = 5 + 6 = 11$

（第2格）統一土壤分類

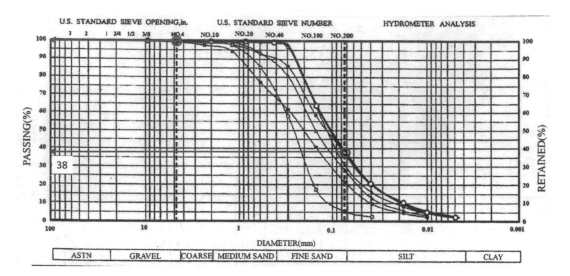

通過#200約為40% < 50% ⟹ 粗粒料(G/S)

通過#4約為100% ≥ 50% ⟹ 粗粒料S

細粒料F% = 38% > 12% ⟹ 細粒料有絕對影響 SC/SM

LL = 38 ⟹ A − Line PI = 0.73(LL − 20) = 13.14

PI = 22 > 13.14代表落點在A − Line之上，尾詞為 C

統一土壤分類結果為SC

（第3格）礫石含量G% = 0%（尺度不清，暫研判之）

（第4格）砂含量S% = 100% − 38% = 62%（尺度不清，暫研判之）

（第5格）黏土粉土含量F% = 38%（尺度不清，暫研判之）

（第6格）土粒比重

$$G_s = \frac{W_s}{W_2 + W_s - W_1} \times \frac{\gamma_{wt}}{\gamma_w}$$

$$= \frac{0.3626}{1.176 + 0.3626 - 1.40434} \times \frac{9.78236}{9.8} = 2.695 \approx 2.70 \ldots \ldots Ans.$$

（第7格）含水量

濕土重$W_m = 1.0437N$，乾土重$W_s = 0.833N$

$\omega\% = (1.0437 - 0.833)/0.833 = 0.2529 = 25.3\%$

（第8格）濕土單位重

$$V = \frac{\pi}{4} \times 3.1^2 \times 7.2 = 54.34cm^3$$

$$\gamma_m = \frac{W_m}{V} = \frac{1.0437 \times 10^{-3}}{54.34 \times 10^{-6}} = 19.206 \approx 19.21 \text{kN/m}^3$$

（第 9 格）$\gamma_m = \frac{G_s(1+w)}{1+e}\gamma_w = 19.21$

$$\frac{2.7(1+0.253)}{1+e} \times 9.8 = 19.21 \Longrightarrow e = 0.7259 \approx 0.726$$

（第 10 格）液性限度$LL = 40$

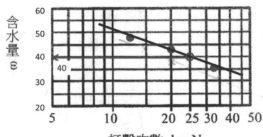

打擊次數N1=15、ω1=47.0%
打擊次數N2=20、ω2=43.0%
打擊次數N3=35、ω3=35.0%

（第 11 格）塑性限度PL $= (17 + 18 + 19)/3 = 18$

（第 12 格）塑性指數PI $=$ LL $-$ PL $= 40 - 18 = 22$

Chapter **2** 土體中應力
重點內容摘要

（一）飽和土壤 $\sigma = u_w + \sigma'$ ，σ：總應力，σ'：有效應力，u_w：水壓力

1. 垂直向總應力（覆土壓力）：$\sigma_v = \sum \gamma_i h_i$

2. 水壓力 u_w 可為正或負，正為壓力，負表拉力；有效應力 $\sigma' \geq 0$

3. $u_w = u_{ss} + u_s + u_e$（水壓力＝靜態水壓＋滲流水壓＋超額孔隙水壓）

4. 壓力水頭 $h_p = \dfrac{u_w}{\gamma_w}$

5. 毛細現象區之水壓力為負，以平均飽和度 S(%) 計算，$u_w = -\left(\dfrac{S}{100}\right)\gamma_w h_c$

（二）Newmark 應力影響圖：垂直應力增量 $\Delta\sigma_z = IV \times q \times M$

   q：外加均布載，

   IV：影響值（常為 0.005）

   M：面積涵蓋單元個數

（三）局部加載之應力增量：$\Delta\sigma = \dfrac{q \times B \times L}{(B+z)(L+z)}$ ，（V：H＝2：1 向下傳遞）

（四）靜止土壓力係數 $K_0 = \sigma_h' / \sigma_v'$

1. 砂土 $K_0 = 1 - \sin\varphi'$

2. 正常壓密黏土 $K_0 = 0.95 - \sin\varphi'$

3. 過壓密黏土 $K_0 = (0.95 - \sin\varphi')\sqrt{OCR}$

（五）基礎調查深度（規範）

基礎型式	調查深度
淺基礎	$D+4B$ 或達可確認承載層
樁基礎	$D+4B$ 或達可確認承載層
沉箱基礎	$D+3B$ 或達可確認承載層
浮筏式基礎	$D+H_{0.1\sigma'_v}$ 或達的壓縮性之堅實地層
深開挖工程	$(1.5\sim2.5)D$ 或達可確認承載層或不透水深度（依開挖條件）

【註】D 為基礎底面深度，B 為基礎寬度（短邊）或直。

參考題解

一、一土層之剖面如下圖所示,其地下水位在地表下 5 公尺處。若在 A 點處水平方向之總應力為 415 kPa,請求得該砂土層靜止時之側向土壓力係數。(25 分)

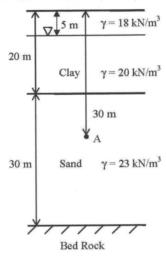

(106 三等-土壤力學與基礎工程#2)

參考題解

A 點垂直向有效應力 $\sigma'_v = 5 \times 18 + 15 \times (20 - 9.8) + 10 \times (23 - 9.8) = 375 \, kN/m^2$

A 點處水壓力 $u_w = 25 \times 9.8 = 245 \, kN/m^2$

A 點水平向有效應力 $\sigma'_h = \sigma_h - u_w = 415 - 245 = 170 \, kN/m^2$

靜止時之側向土壓力係數 $K_0 = \dfrac{\sigma'_h}{\sigma'_v} = \dfrac{170}{375} = 0.453$

二、某基地土層剖面，自地表面開始，包含 5 m 的砂土，其下面是 13 m 厚的黏土，地下水
在地表面以下 2.8 m。地下水位以上的砂土單位重是 19kN/m³，水位以下的砂土飽和單
位重是 20kN/m³。黏土之飽和單位重是 15.7kN/m³，有效摩擦角是 35°，過壓密比是
2.0。試計算地表面以下 11.0 m 深處的垂直總應力、垂直有效應力、水平總應力、水平
有效應力各為何？（25 分）

（提示：$Ko = (1 - \sin\phi') \times (OCR)^{\sin\phi'}$）

（109 高考－土壤力學#3）

參考題解

題型解析	計算土壤中某位置之垂直與水平向應力
難易程度	簡單入門題型
講義出處	109 基礎工程 1.1（P.1） 類似題：例題 1-8（P.23）、108 題型班講義例題 1-6（P.基工-6）

將文字轉換成圖形如下：

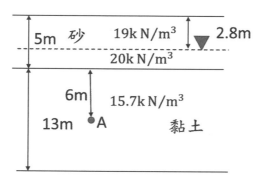

地表面以下 11.0m 深處（如 A 點）

$$K_0 = (1 - \sin\varphi')(OCR)^{\sin\varphi'} = (1 - \sin 35°)(2.0)^{\sin 35°} = 0.6346$$

垂直總應力 $\sigma_v = 19 \times 2.8 + 20 \times 2.2 + 15.7 \times 6 = 191.4 \text{kN/m}^2$........Ans.

垂直有效應力 $\sigma_v' = 19 \times 2.8 + 20 \times 2.2 + 15.7 \times 6 - 9.81 \times 8.2$

$$= 110.96 \text{kN/m}^2 ....\text{Ans.}$$

水平有效應力 $\sigma_h' = K_0\sigma_v' = 0.6346 \times 110.96 = 70.42 \text{kN/m}^2 ....\text{Ans.}$

水平總應力 $\sigma_h = \sigma_h' + u_w = 70.42 + 9.81 \times 8.2 = 150.86 \text{kN/m}^2 ......\text{Ans.}$

三、某工址之土層剖面如下圖所示。已知頂層厚度 $H_1 = 2.1$ m（乾砂），比重 $G_s = 2.65$，孔隙比 $e = 0.5$。第二層厚度 $H_2 = 0.9$ m（濕砂、毛細作用區），比重 $G_s = 2.65$，孔隙比 $e = 0.5$，飽和度 $S = 50\%$。第三層厚度 $H_3 = 1.9$ m（飽和黏土），比重 $G_s = 2.71$，含水量 $w = 42\%$。（25 分）

（一）試計算 A、B、C、D 點之垂直總應力 σ、水壓力 u 及垂直有效應力 σ'。

（二）請繪出垂直總應力、水壓力 u、及垂直有效應力隨深度之分布。

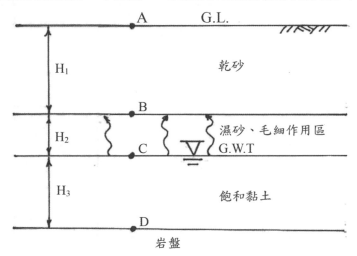

（109 結技－土壤力學與基礎設計#1）

參考題解

題型解析	屬土壤相關應力＋毛細作用影響之計算題型
難易程度	結構技師難得一見之簡單送分題
講義出處	109 土壤力學 5.1.4（P.84）。類似例題 5-5（P.94）

計算各層單位重

$$乾砂\ \gamma_d = \frac{G_s}{1+e}\gamma_w = \frac{2.65}{1+0.5} \times 9.81 = 17.33 kN/m^3$$

$$濕砂\ \gamma_m = \frac{G_s + Se}{1+e}\gamma_w = \frac{2.65 + 0.5 \times 0.5}{1+0.5} \times 9.81 = 18.97 kN/m^3$$

$$飽和黏土\ S \times e = G_s \times w \quad \Rightarrow \quad e = 2.71 \times 0.42 = 1.14$$

$$飽和黏土\ \gamma_{sat} = \frac{G_s + e}{1+e}\gamma_w = \frac{2.71 + 1.14}{1+1.14} \times 9.81 = 17.65 kN/m^3$$

位置	深度 m	總應力σ kN/m²	水壓力u kN/m²	有效應力σ′ kN/m²
A	0	0	0	0
B 上	2.1	$17.33 \times 2.1 = 36.39$	0	36.39
B 下	2.1	$17.33 \times 2.1 = 36.39$	$-9.81 \times 0.5 \times 0.9 = -4.41$	40.8
C	3.0	$36.39 + 18.97 \times 0.9 = 53.46$	0	53.46
D	4.9	$53.46 + 17.65 \times 1.9 = 87.0$	$9.81 \times 1.9 = 18.64$	68.36

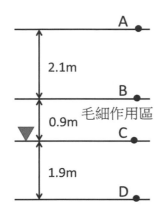

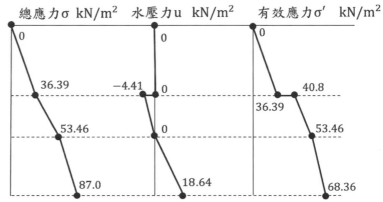

四、有一個 4.5 公尺厚之回填土壤（單位重21 kN/m³）將被安置在工地現場，用以加速現地土壤的壓密。回填土層下方之黏土，厚度 15 公尺，單位重20 kN/m³，地下水位在其表面，黏土層下方之土壤為緊密砂。工地現場亦佈設了數組水壓計，以記錄壓密之過程，一支位在黏土層 6 公尺處之水壓計，在回填土佈設 1 年後之讀數為90 kN/m²，請計算該處之土壤有效應力及壓密度。（25 分）

（109 三等-土壤力學與基礎工程#2）

參考題解

題型解析／難易程度	中等應用之單點壓密分析計算題型
講義出處	109 土壤力學 7.7.3（P.165）。 類似例題 7-12（P.183）、7-18（P.193）、7-28（P.216）

預壓密應力$q = \Delta u_e = 21 \times 4.5 = 94.5 kPa$

黏土層 6 公尺處	總應力kPa	水壓力kPa	有效應力kPa
初始狀態	$20 \times 6 = 120$	$9.81 \times 6 = 58.86$	61.14
加載瞬間	$120 + 94.5 = 214.5$	$58.86 + 94.5 = 153.36$	61.14
佈設 1 年後	214.5	90	$214.5 - 90 = $ w124.5

佈設 1 年後 6 m 處之土壤有效應力 $= 124.5 kPa$.................$Ans.$

佈設 1 年後 6 m 處之土壤壓密度U_z：

初始$\Delta u_{e,0} = 94.5 kPa$　　　　　　殘餘$\Delta u_{e,1\text{年}} = 90 - 58.86 = 31.14\ kPa$

壓密度$U_z = \dfrac{\Delta u_{e,0} - \Delta u_{e,1\text{年}}}{\Delta u_{e,0}} = \dfrac{94.5 - 31.14}{94.5} \times 100\% = 67.05\%$.....Ans.

或壓密度$U_z = \dfrac{153.36 - 90}{94.5} \times 100\% = 67.05\%$.....................Ans.

3 滲 透 性

Chapter 重點內容摘要

（一）Bernoulli Equation：$h = \dfrac{u_w}{\gamma_w} + z + \dfrac{v^2}{2g}$，（$h_T = h_p + h_e + h_v$）

（總水頭＝壓力水頭＋位置水頭＋速度水頭，土體內 $\dfrac{v^2}{2g} \approx 0$）

（二）土壤中一流線中，水流從 A 流至 B，水頭損失 Δh

得：$h_A = \dfrac{u_{w,A}}{\gamma_w} + z_A = h_B + \Delta h = \dfrac{u_{w,B}}{\gamma_w} + z_B + \Delta h$

（三）水力坡降：$i = \dfrac{\Delta h}{L}$

臨界水力坡降：$i_{cr} = \dfrac{\gamma'}{r_w} = \dfrac{G_s - 1}{1 + e}$

（四）滲流水壓力造成之有效應力變化：

水流向下滲流 $\sigma' = \gamma' z + iz\gamma_w$（有效應力增加）

水流向上滲流 $\sigma' = \gamma' z - iz\gamma_w$（有效應力減少）

1. 單位體積滲流力：$F_s = i\gamma_w$

2. 達西定律：平均流速（外視流速）$v = ki$

3. 單位時間流量 $q = kiA$，滲流速度 $v_s = \dfrac{v}{n}$

（五）滲透係數

1. 定水頭試驗：$k = \dfrac{QL}{hAt}$，適用滲透係數較大之土壤

2. 變水頭試驗：$k = \dfrac{aL}{A(t_2 - t_1)} \ln \dfrac{h_1}{h_2}$，適用滲透係數小之土壤

3. 現場抽水試驗：

    （1）無側限水流：$k = \dfrac{q}{\pi\left(h_2^2 - h_1^2\right)}\ln\dfrac{r_2}{r_1}$

    （2）有側限水流：$k = \dfrac{q}{2\pi D\left(h_2 - h_1\right)}\ln\dfrac{r_2}{r_1}$

4. 滲透係數經驗公式：

    Hazen，$k = CD_{10}^2\ (cm/s)$，C 為 0.4~1.4 常數（常取 1），D_{10} 單位 mm

    適用概估 $k \geq 10^{-3}\ cm/\sec$ 之土壤

（六）疊層土壤滲透性係數

1. 水平水流：$k_{eq} = \dfrac{1}{H}\left(k_1 H_1 + k_2 H_2 + \cdots + k_n H_n\right)$

2. 垂直水流：$k_{eq} = \dfrac{H}{\dfrac{H_1}{k_1} + \dfrac{H_2}{k_2} + \cdots + \dfrac{H_n}{k_n}}$

（七）滲流與土壤層面垂直總水頭損失比：$\Delta h_1 : \Delta h_2 = \dfrac{H_1}{A_1 k_1} : \dfrac{H_2}{A_2 k_2}$

（八）Laplace's equation：$k_x \dfrac{\partial^2 h}{\partial x^2} + k_z \dfrac{\partial^2 h}{\partial z^2} = 0$，若 $k_x = k_z$，得 $\dfrac{\partial^2 h}{\partial x^2} + \dfrac{\partial^2 h}{\partial z^2} = 0$

（九）流線網單位時間滲流量：

1. 等向土壤：$q = k\dfrac{N_f}{N_d}\Delta h$

2. 非等向土壤：$q = \sqrt{k_x k_z}\,\dfrac{N_f}{N_d}\Delta h$

（十）流線網內水頭變化：每經過 1 格等勢能間格，總水頭變化 $\dfrac{\Delta h}{N_d}$

（十一）滲透係數不均向土壤之流網：建立 $x_t = x\sqrt{\dfrac{k_z}{k_x}}$ ，$q = k_e\dfrac{N_f}{N_d}\Delta h$ ，$k_e = \sqrt{k_x k_z}$

一、某對稱長條形鋼版樁圍堰，其剖面圖如圖所示，土壤之滲透係數為。

（一）試繪此圍堰之流網圖。（15 分）

（二）求每秒每單位公尺流入此圍堰中間之滲流量為何？（10 分）

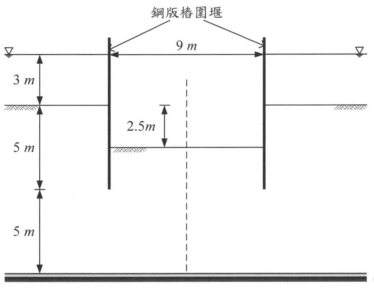

鋼版樁圍堰

（106 高考-土壤力學#2）

參考題解

（一）繪流網圖（流線網左右對稱，圖上僅繪製右半部，左半部對稱圖上虛線軸）

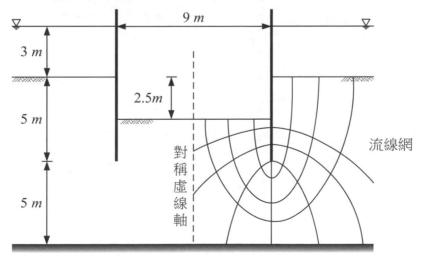

（二）左半部，流槽 $N_f = 3.5$ ，等勢能間隔數 $N_d = 8$

上下游水頭差 $h = 5.5m$ ， $q = k \dfrac{N_f}{N_d} h$

每秒每單位公尺滲流量（含左右半部）：

$$q = k \frac{N_f}{N_d} h \times 2 = 4.0 \times 10^{-7} \times \frac{3.5}{8} \times 5.5 \times 2 = 1.925 \times 10^{-6} \ m^3/s/m$$

二、滲流試驗剖面如圖所示，其中三種不同土層，每層 200mm 長，斷面直徑 150mm，在土壤變化處設置水壓計 A 及 B，試體兩端水頭差 h 為 500mm，三種土壤之孔隙率（ n ）與滲透係數（ k ）分別為

Soil I： $n = 0.5, \ k = 5 \times 10^{-3}(cm/sec)$ ；Soil II： $n = 0.6, \ k = 5 \times 10^{-2}(cm/sec)$ ；
Soil III： $n = 0.4, \ k = 5 \times 10^{-4}(cm/sec)$

（一）決定每小時流經此試體之水量。（5 分）

（二）以下游出口處水位為基線，決定土壤 I 出口處之壓力水頭及總水頭。（10 分）

（三）決定水壓計 B 之水柱高度及土壤III之滲流速度（seepage velocity）。（10 分）

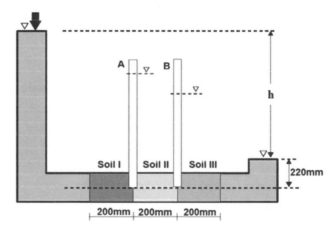

（107 土技-大地工程學#3）

參考題解

（一）題意給斷面直徑 D ，設滲流管為圓管，面積 $A = \pi D^2/4 = \pi \times 15^2/4 = 176.7 cm^2$

垂直水流等效滲透係數 $k_{eq} = \dfrac{L}{\dfrac{L_1}{k_1} + \dfrac{L_2}{k_2} + \dfrac{L_3}{k_3}} = \dfrac{60}{\dfrac{20}{5 \times 10^{-3}} + \dfrac{20}{5 \times 10^{-2}} + \dfrac{20}{5 \times 10^{-4}}}$

$\qquad\qquad\qquad\qquad\qquad = 1.35 \times 10^{-3} \ cm/sec$

滲流量 $Q = k_{eq}iA = 1.35 \times 10^{-3} \times \frac{50}{60} \times 176.7 = 0.199 \, cm^3/sec$

得滲流量 $Q = 716.4 \, cm^3/hr$

（二）流過各土層流量相同 $Q_1 = Q_2 = Q_3$，$k_1 i_1 = k_2 i_2 = k_3 i_3$

總水頭損失為各層損失相加 $h = \Delta h_1 + \Delta h_2 + \Delta h_2 = i_1 L_1 + i_2 L_2 + i_3 L_3$

$$h = i_1 L_1 + \frac{k_1}{k_2} i_1 L_2 + \frac{k_1}{k_3} i_1 L_3，50 = i_1 \times 20 + \frac{5 \times 10^{-3}}{5 \times 10^{-2}} i_1 \times 20 + \frac{5 \times 10^{-3}}{5 \times 10^{-4}} i_1 \times 20$$

得 $i_1 = 0.2252$，$i_2 = 0.02252$，$i_3 = 2.252$；

得 $\Delta h_1 = 4.50cm$，$\Delta h_2 = 0.450cm$，$\Delta h_3 = 45.05cm$

下游出口處水位為基線（datum），該處位置水頭 $h_e = 0$

以土壤 I 出口處中間位置（水壓計 A 底部，管中央位置）計算壓力水頭

該處位置水頭 $h_e = -22cm$；壓力水頭 $h_p = 50 + 22 - 4.50 = 67.5cm$

$h_t = h_p + h_e$，得總水頭 $h_t = 67.5 - 22 = 45.5cm$

（三）水壓計 B 之水柱高度 $h = h_p = 50 + 22 - 4.5 - 0.45 = 67.05cm$

土壤 III 之滲流速度（seepage velocity）$v_s = \frac{v}{n}$，

$$v = ki = 5 \times 10^{-4} \times \frac{45.05}{20} = 1.126 \times 10^{-3} \, \text{cm/sec}$$

得滲流速度

$$v_s = \frac{v}{n} = \frac{1.126 \times 10^{-3}}{0.4} = 2.815 \times 10^{-3} \, \text{cm/sec}$$

三、某混凝土壩,其下方垂直截水牆及流線網如下圖所示。圖中土壤的滲透係數
　　k = 3.5×10⁻⁶ m/s。請計算:
　　(一)壩底土層之滲流損失(seepage loss)。(5分)
　　(二)於 a、b、c、d、e點之上揚壓力。(20分)

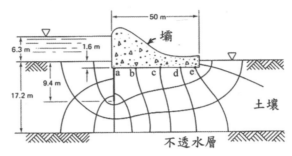

(107 結技-土壤力學與基礎設計#3)

參考題解

(一)上下游總水頭差 $h = 6.3m$

依流網圖,總流槽數 $N_f = 3$,總等勢能間格數 $N_d = 9.4$(下游最後一格 0.4)

取單位寬計算滲流損失(seepage loss) $q = kh\dfrac{N_f}{N_d} = 3.5 \times 10^{-6} \times 6.3 \times \dfrac{3}{9.4} \times 1$

得 $q = 7.037 \times 10^{-6}\, m^3/sec/m = 0.608\, m^3/day/m$

(二)上揚壓力為該處水壓力,流經 1 個等勢能間格,水頭差 $\Delta h = 6.3/9.4 = 0.67$

a 點之上揚壓力 $u_a = (6.3 + 1.6 - 4.5 \times 0.67) \times 9.81 = 47.92 kP_a$

b 點之上揚壓力 $u_b = (6.3 + 1.6 - 5 \times 0.67) \times 9.81 = 44.64 kP_a$

c 點之上揚壓力 $u_c = (6.3 + 1.6 - 6 \times 0.67) \times 9.81 = 38.06 kP_a$

d 點之上揚壓力 $u_d = (6.3 + 1.6 - 7 \times 0.67) \times 9.81 = 31.49 kP_a$

e 點之上揚壓力 $u_e = (6.3 + 1.6 - 8 \times 0.67) \times 9.81 = 24.92 kP_a$

四、某開挖面鄰近淡水河，如圖所示：

（一）試繪出流線網，並標示出⑴最高流線⑵最低流線⑶最高等勢能線⑷最低等勢能線。（15 分）

（二）計算淡水河流進開挖面之滲流量為何？設透水砂層之滲透係數 $k = 4.5×10^{-5}$ m/s。（10 分）

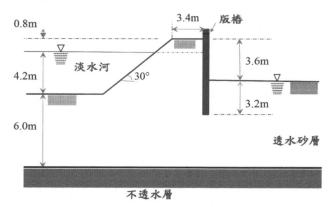

參考題解

題型解析	流線網之中等應用題型
難易程度	
108 講義出處	土壤力學 6-5（P.115）、例題 6-11（P.118）、例題 6-24（P.138）

（一）流線網如下：⑴最高流線；⑵最低流線；⑶最高等勢能線；⑷最低等勢能線。

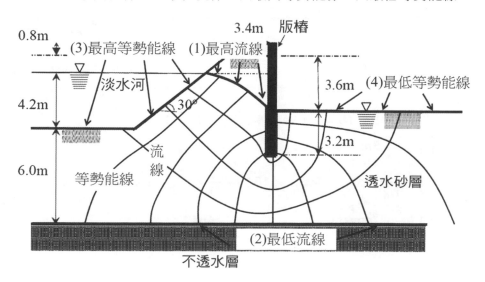

（二）淡水河流進開挖面之滲流量

每公尺寬度每秒滲流損失的水量

流線網圖之流槽數 $N_f = 4$，等勢能間格數 $N_q = 9$

$\Delta h_{total} = 3.6 - 0.8 = 2.8m$

$q = k \times \dfrac{N_f}{N_q} \times \Delta h_{total} = 4.5 \times 10^{-5} \times \dfrac{4}{9} \times 2.8 = 5.6 \times 10^{-5} \ \text{m}^3/\text{sec/m}$

$= 4.84 \text{m}^3/\text{day/m}$ …...……………Ans.

五、在以下的流網中，土壤之滲透係數與單位重分別為 5.2×10^{-6} m/s 和 19.8 kN/m³。請求出(1)在下游端之滲流量，(2)在壩趾處 A 點（圓點處）之孔隙水壓，(3)臨界水力坡降。（20分）

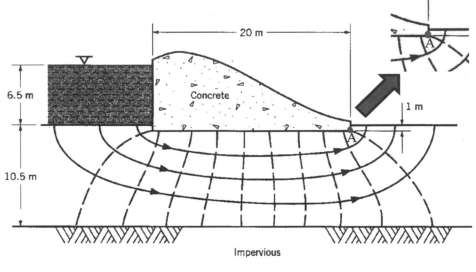

（108 三等-土壤力學與基礎工程#3）

參考題解

（一）流線網圖之流槽數 $N_f = 4$，等勢能間格數 $N_q = 11$

$\Delta h_{total} = 6.5m$

$q = k \times \dfrac{N_f}{N_q} \times \Delta h_{total} = 5.2 \times 10^{-6} \times \dfrac{4}{11} \times 6.5 = 1.23 \times 10^{-5} \ \text{m}^3/\text{sec/m}$

$= 1.06 \text{m}^3/\text{day/m}$ …...……………Ans.

（二）壩趾處 A 點（圓點處）之孔隙水壓

$$u_w = u_s + u_{ss} = \left(1 + 6.5 \times \frac{1}{11}\right) \times 9.81 = 15.61 kN/m^2 \dots\dots Ans.$$

$$或 u_w = u_s + u_{ss} = \left(1 + 6.5 - 6.5 \times \frac{10}{11}\right) \times 9.81 = 15.61 kN/m^2$$

（三）臨界水力坡降

$$i_{cr} = \frac{\gamma'}{\gamma_w} = \frac{19.8 - 9.81}{9.81} = 1.018\dots\dots\dots\dots\dots Ans.$$

六、有一土壤剖面及穩定滲流狀況如下圖所示，黏土層下方之砂土層內已觀察到湧泉壓力，可使開口豎管內的水上升到高於地表面 1 m：（25 分）

（一）計算 A 點、B 點、C 點之總應力、孔隙水壓及有效應力；

（二）估計黏土層中滲流之方向及速率。

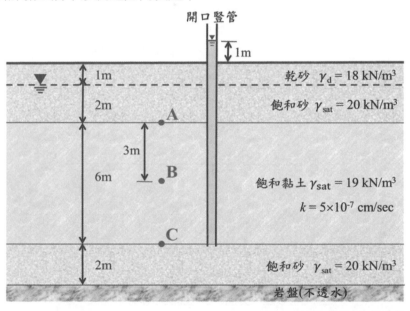

（110 結技-土壤力學與基礎設計#1）

參考題解

（一）計算 A 點、B 點、C 點之總應力、孔隙水壓及有效應力

位置	總應力kPa	水壓力kPa	有效應力kPa
A	$18 \times 1 + 20 \times 2 = 58$	$u_w = u_{ss} = 9.81 \times 2 = 19.62$	38.38
B	$58 + 19 \times 3 = 115$	$u_w = u_{ss} + u_s =$ $(5 + 0.5 \times 2) \times 9.81 = 58.86$	56.14
C	$115 + 19 \times 3 = 172$	$u_w = u_{ss} + u_s =$ $(8 + 2) \times 9.81 = 98.1$	73.9

（二）黏土層滲流方向為向上↑

$$外視流速 v = ki = 5 \times 10^{-7} \times \frac{2}{6} = 1.67 \times 10^{-7} cm/sec \ldots\ldots\ldots Ans.$$

七、有一鋼板擋水設置於細砂土層中，其上游水位高程為 8 m，下游水位於地表，該鋼板之貫入深度為 6 m，如圖所示。該土層厚度為 10 m，滲透係數為 $k = 7 \times 10^{-4}$ cm / sec，土壤飽和單位重為 $\gamma_{sat} = 18\ kN / m^3$，其下方為不透水層。請採用 3 個流槽繪出其流網並計算滲流量；此時鋼板下游 A 點及 B 點之有效應力為何？（25 分）

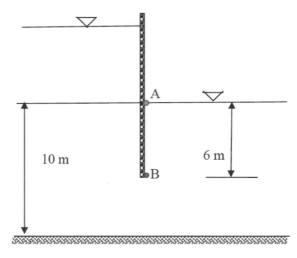

（110 三等-土壤力學與基礎工程#1）

參考題解

（一）流網如下所示：

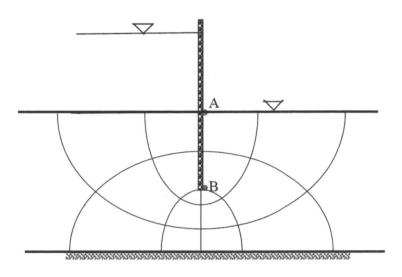

$$q = k\frac{N_f}{N_q}\Delta h = 7 \times 10^{-4} \times 10^{-2} \times \frac{3}{6} \times 8 = 2.8 \times 10^{-5} m^3/sec/m$$

$$= 2.42\ m^3/day/m\ldots\ldots\ldots Ans.$$

（二）下游 A 點（等勢能間格第 6 格末端）之有效應力：

A 點有效應力 $\sigma'_A = 0\ kPa$..$Ans.$

B 點（等勢能間格第 5 格起端）之有效應力：

B 點水壓力 $u_{w,B} = (6 + \frac{8}{6} \times 2) \times 9.81 = 85.02\ kPa$

B 點有效應力 $\sigma'_B = 18 \times 6 - 85.02 = 22.98\ kPa$.....................$Ans.$

Chapter 4 壓縮性質

重點內容摘要

（一）總沉陷量＝瞬時沉陷量＋壓密沉陷量＋二次壓縮沉陷量

$$\Delta H_t = \Delta H_i + \Delta H_c + \Delta H_s$$

（二）壓密沉陷量（正常壓密黏土）：

$$\frac{\Delta H}{H_0} = \frac{\Delta e}{1+e_0}$$

$$\Delta H = H_0 \frac{C_c}{1+e_0} \log \frac{\sigma'_0 + \Delta\sigma'}{\sigma'_0}$$

（三）壓密沉陷量（過壓密黏土）

1. $(\sigma'_0 + \Delta\sigma') \le \sigma'_c$ ， $\Delta H = H_0 \frac{C_s}{1+e_0} \log \frac{\sigma'_0 + \Delta\sigma'}{\sigma'_0}$

2. $(\sigma'_0 + \Delta\sigma') > \sigma'_c$ ， $\Delta H = H_0 \frac{C_s}{1+e_0} \log \frac{\sigma'_c}{\sigma'_0} + H_0 \frac{C_c}{1+e_0} \log \frac{\sigma'_0 + \Delta\sigma'}{\sigma'_c}$

（四）相關參數

1. 壓縮指數： $C_c = \left| \dfrac{\Delta e}{\Delta \log \sigma'} \right| = \dfrac{e_1 - e_2}{\log(\sigma'_2 / \sigma'_1)}$

2. 壓縮係數： $a_v = \left| \dfrac{\Delta e}{\Delta \sigma'} \right| = \dfrac{e_1 - e_2}{\Delta \sigma'}$

3. 體積壓縮性係數： $m_v = \dfrac{\Delta\varepsilon_v}{\Delta\sigma'} = \dfrac{\Delta V/V_0}{\Delta\sigma'} = \dfrac{\Delta H/H_0}{\Delta\sigma'} = \dfrac{a_v}{1+e_0}$

$$\Delta H = m_v H_0 \Delta\sigma'$$

4. 壓密係數： $c_v = \dfrac{k}{\gamma_w m_v}$ ， $(k_z = c_v \gamma_w m_v)$

5. 過壓密比： $OCR = \sigma'_c / \sigma'_0$

6. 經驗式：$C_c = 0.009(LL-10)$ ，$C_s \approx \frac{1}{5} \sim \frac{1}{10} C_c$

（五）二次壓縮量：$\Delta H_s = H_0 \dfrac{C_\alpha}{1+e_0} \log \dfrac{t_2}{t_1}$

（六）單向度壓密方程式：$\dfrac{\partial u}{\partial t} = c_v \dfrac{\partial^2 u}{\partial z^2}$

（七）壓密度

1. z 處壓密比：

$$U_z = \frac{u_0 - u_z}{u_o} = \frac{\text{全部超額孔隙水壓 - 未消散超額孔隙水壓}}{\text{全部超額孔隙水壓}} = 1 - \frac{u_z}{u_o}$$

2. 平均壓密度：

$$U_{avg} = \frac{\text{已消散超額孔隙水壓面積(有效應力增量面積)}}{\text{矩形超額孔隙水壓總面積}}$$

$$= 1 - \frac{\text{未消散超額孔隙水壓面積}}{\text{矩形超額孔隙水壓總面積}}$$

$$\mathrm{U_{avg}} = \frac{\diagup\!\!\!\!\diagdown}{\Box} = 1 - \frac{\blacktriangleleft}{\Box}$$

3. 時間因素：$T_v = \dfrac{C_v t}{(H_{dr})^2}$

4. U_{avg} 與 T_v 關係式：

（1）$T_v = \dfrac{\pi}{4} U_{avg}^2$ for $0 \le U_{avg} \le 60\%$

（2）$T_v = 1.781 - 0.933 \log(100 - U_{avg}\%)$ for $U_{avg} > 60\%$

☞ $U_{avg} = 50\%$ ，$T_v = 0.197$

☞ $U_{avg} = 90\%$ ，$T_v = 0.848$

參 考 題 解

一、某填海造地之離岸人工島面積約為 500 公頃，此人工島基地之平均海水深度為 18 公
尺，基於沉陷量考量填土高度為 33 公尺，回填土乾單位重及飽和單位重分別為
$20.0\ kN/m^3$ 及 $22.0\ kN/m^3$，海床底下有 50 公尺海積黏土，海積黏土層之下為砂性土
壤。假設海水單位重為 $10.0\ kN/m^3$，海積黏土層之飽和單位重 (γ_{sat}) 為 $15.0\ kN/m^3$，
孔隙比 (e_0) 為 2.35，液性限度為 90%，塑性限度為 35%，壓縮指數 (C_c) 為 0.72，再壓指
數 (C_r) 為壓縮指數 (C_c) 的十分之一，二次壓縮指數 (C_α) 為壓縮指數 (C_c) 的百分之五，過
壓密比 (OCR) 為 2.0。假設忽略填土過程之影響，請問：

（一）造地完成後此層海積黏土產生之主壓密沉陷量為何？（15 分）

（二）若主壓密完成時間為 5 年，則 20 年後二次壓密沉陷量為何？（10 分）

（107 土技-大地工程學#4）

參考題解

（一）填土區域達 500 公頃，應屬廣大面積加載，設對填土下方之海積黏土產生均勻且一致
應力增量，另假設填土後，海水深度維持不變且地下水位與其深度位置相同，及不考
慮毛細現象對回填土的影響，水位以上為乾單位重，以下為飽和單位重。

取海積黏土中間計算壓密沉陷量，

回填前有效應力 $\sigma'_0 = 25 \times (15 - 10) = 125\ kN/m^2$

$OCR = 2$，得 $\sigma'_c = 125 \times 2 = 250\ kN/m^2$

回填土後，有效應力增量 $\Delta\sigma' = 20 \times (33 - 18) + (22 - 10) \times 18 = 516\ kN/m^2$

$$(\sigma'_0 + \Delta\sigma') > \sigma'_c \text{，} \Delta H = H_0 \frac{C_r}{1 + e_0} \log \frac{\sigma'_c}{\sigma'_0} + H_0 \frac{C_c}{1 + e_0} \log \frac{(\sigma'_0 + \Delta\sigma')}{\sigma'_c}$$

$C_c = 0.72$，$C_r = 0.1 \times 0.72 = 0.072$

$$\Delta H = 50 \frac{0.072}{1 + 2.35} \log \frac{250}{125} + 50 \frac{0.72}{1 + 2.35} \log \frac{(125 + 516)}{250} = 4.717m$$

造地完成海積黏土產生之主壓密沉陷量 $\Delta H = 4.717m$

（二）二次壓縮指數 $C_\alpha = 0.05 \times 0.72 = 0.036$

$$\Delta H_2 = H_0 \frac{C_\alpha}{1 + e_0} \log \left(\frac{t}{t_p} \right) = 50 \frac{0.036}{1 + 2.35} \log \left(\frac{20}{5} \right) = 0.323m$$

20 年後二次壓密沉陷量 $\Delta H_2 = 0.323m$

二、某建物下方有一黏土層，建物載重施加 200 天後，造成 234 mm 壓密沉陷。依據實驗室壓密試驗結果顯示，此沉陷量對應 30%的總壓密沉陷量。假設在壓密過程黏土層的壓密係數保持不變，試分別計算此建物載重施加 1 年、2 年、3 年及 4 年造成黏土層之壓密沉陷量。（25 分）

(107 結技-土壤力學與基礎設計#1)

參考題解

時間因素 $T_v = \dfrac{c_v t}{H_{dr}^2}$，壓密係數 c_v 保持不變，H_{dr} 相同

$$\frac{(T_v)_1}{(T_v)_2} = \frac{\frac{c_v t_1}{H_{dr}^2}}{\frac{c_v t_2}{H_{dr}^2}} = \frac{t_1}{t_2} \text{，得 } (T_v)_1 = (T_v)_2 \frac{t_1}{t_2}$$

另平均壓密度 $U \le 60\%$，$T_v = \dfrac{\pi}{4}\left(\dfrac{U\%}{100}\right)^2$；$U > 60\%$，$T_v = 1.781 - 0.933\log(100 - U\%)$

$U = 30\%$，$T_v = \dfrac{\pi}{4}(0.3)^2 = 0.0707$

總壓密沉陷量 $\Delta H_c = 234/0.3 = 780mm$

載重施加 1 年：$(T_v)_{1yr} = (T_v)_{200day} \dfrac{t_{1yr}}{t_{200day}} = 0.0707 \times \dfrac{365}{200} = 0.129$

$T_v = \dfrac{\pi}{4}\left(\dfrac{U\%}{100}\right)^2$，$0.129 = \dfrac{\pi}{4}\left(\dfrac{U\%}{100}\right)^2$，得 $U = 40.5\%$

壓密沉陷量 $\Delta H_{1yr} = 780 \times 0.405 = 315.9mm$

載重施加 2 年：$(T_v)_{2yr} = 0.0707 \times \dfrac{365 \times 2}{200} = 0.258$，$0.258 = \dfrac{\pi}{4}\left(\dfrac{U\%}{100}\right)^2$，得 $U = 57.3\%$

壓密沉陷量 $\Delta H_{2yr} = 780 \times 0.573 = 446.94mm$

載重施加 3 年：$(T_v)_{3yr} = 0.0707 \times \dfrac{365 \times 3}{200} = 0.387$，$0.387 = 1.781 - 0.933\log(100 - U\%)$

得 $U = 68.8\%$，壓密沉陷量 $\Delta H_{3yr} = 780 \times 0.688 = 536.64mm$

載重施加 4 年：$(T_v)_{4yr} = 0.0707 \times \dfrac{365 \times 4}{200} = 0.516$，$0.516 = 1.781 - 0.933\log(100 - U\%)$

得 $U = 77.3\%$，壓密沉陷量 $\Delta H_{4yr} = 780 \times 0.773 = 602.94mm$

三、如下圖所示，有一黏土層 8m 厚，位於兩層砂土中間，地下水位於地表面。這黏土層的體積壓縮係數為 0.83m²/MN，壓密係數為 1.4m²／年。若地表增加超載重 20kN/m²，（一）試計算由於壓密產生的最後壓密沉陷量為何？（10 分）（二）增加超載重兩年後沉陷量是多少？（15 分）

註：

$\Delta H = m_v * \Delta\sigma' * H$

$T_v = C_v * t / H^2$

當 $U \leq 60\%$ 時，　　　　$T_v = (\pi/4) * U^2$

當 $U > 60\%$ 時，　　　　$T_v = 1.781 - 0.933 * \log[100(1-U)]$

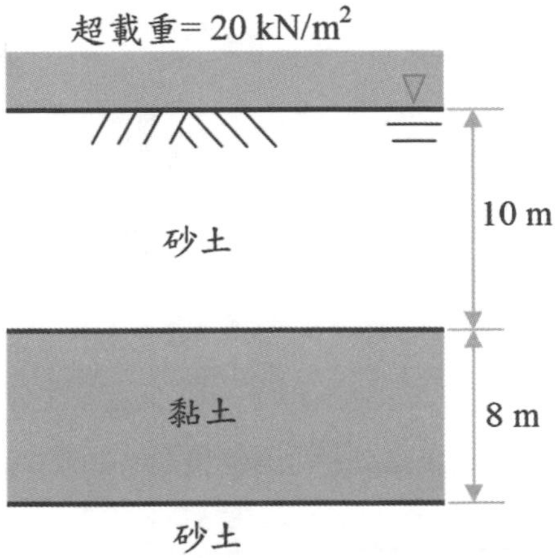

超載重＝20 kN/m²

砂土　10 m

黏土　8 m

砂土

（108 高考-土壤力學#3）

參考題解

（一）假設體積壓縮係數 m_v 在超載重造成黏土層有效應力變化區間為線性

$$\Delta H = m_v \times \Delta\sigma' \times H = \frac{0.83}{1000} \times 20 \times 8 = 0.133m = 13.3cm$$

（二）黏土層上下為砂土層，為雙向排水，最長排水路徑 $H_{dr} = H/2 = 4m$

壓密係數 $c_v = 1.4\,m^2/$年

增加超載重兩年後，時間因素

$$T_v = \frac{c_v t}{H_{dr}^2} = \frac{1.4 \times 2}{4^2} = 0.175$$

設此時平均壓密度 $U \leq 60\%$，$T_v = \frac{\pi}{4}U^2 = 0.175$

得 $U = 47.2\%$，$U < 60\%$，OK

超載重兩年後沉陷量 $\Delta H_{2y} = 0.472 \times 13.3 = 6.28cm$

四、某大型營建工程擬建築於如下圖(a)的地層之地表上,該地層含 4 m 厚的軟弱正常壓密黏土(normally consolidated clay),黏土層上、下皆為排水砂層。此營建工程完工後,構造物預期作用於黏土層的平均永久荷重增加 150 kPa。施工前黏土層中間的平均有效覆土壓力為 70 kPa,且初始孔隙比 0.9,壓縮指數(compression index, C_c)0.25,壓密係數(coefficient of consolidation, c_v)0.008 m²/day。時間因子 T_v 與平均壓密度 U 之關係如下圖(b)與表(a)。

(一)試求此黏土層在此永久荷重下的主要壓密沉陷量。(10 分)

(二)若採用預壓工法(precompression)加速壓密沉陷,擬於地表加載均布荷重 281 kPa,需幾天可達到與(一)相同的主要壓密沉陷量?(10 分)

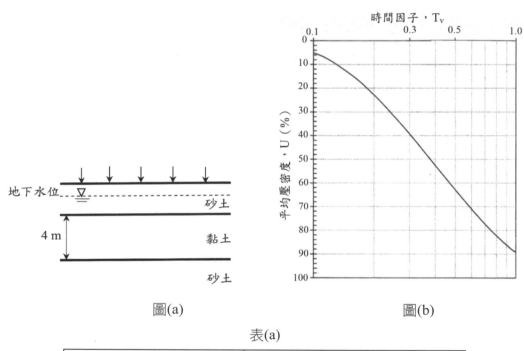

圖(a)　　　　　　　　　　　　　　圖(b)

表(a)

時間因子,T_v	平均壓密度,U(%)
0.05	0.31
0.10	5.07
0.15	13.58
0.20	22.77
0.25	31.46

時間因子，T_v	平均壓密度，U(%)
0.30	39.32
0.40	52.55
0.50	62.92
0.60	71.03
0.70	77.36
0.80	82.31
0.90	86.18
1.00	89.2
1.50	96.86

(108 結技-土壤力學與基礎設計#2)

參考題解

題型解析 難易程度	中等、常見之壓密理論題型
講義出處	108 土壤力學 7-6 例題 多類似題

（一）正常壓密黏土 NC Clay

$$\Delta H_{c,1} = \frac{C_c}{1 + e_0} \times H_0 \times \log \frac{\sigma_0' + \Delta\sigma'}{\sigma_0'}$$

$$= \frac{0.25}{1 + 0.9} \times 400 \times \log \frac{70 + 150}{70} = 26.17 cm \ldots\ldots\ldots\ldots Ans.$$

（二）預壓工法（precompression）加速壓密沉陷

$$\Delta H_{c,2} = \frac{C_c}{1 + e_0} \times H_0 \times \log \frac{\sigma_0' + \Delta\sigma'}{\sigma_0'}$$

$$= \frac{0.25}{1 + 0.9} \times 400 \times \log \frac{70 + 281}{70} = 36.85 cm$$

此時平均壓密度 $U_{avg} = \frac{\Delta H_{c,1}}{\Delta H_{c,2}} = \frac{26.17}{36.85} = 0.71$

查題目所提供之表一，$T_v = 0.6$（不可用公式計算）

已知 $T_v = \frac{C_v t}{H_{dr}^2}$ $\Rightarrow$ $T_v = 0.6 = \frac{0.008 \times t}{(4/2)^2}$ $\Rightarrow$ $t = 300$ 天 …… Ans.

五、一地層分佈與性質如圖所示，圖中黏土層（OC clay）之預壓密應力為75kN/m²，初始
孔隙比$e_0 = 0.8$。今於此地層之上築一土堤，長度及寬度分別為 15 m 與 5 m，試評估
黏土層之壓密沉陷量：（20 分）

（一）主要壓密沉陷量

（二）當主要壓密於 1 年後結束，評估 5 年後之二次壓密沉陷量。

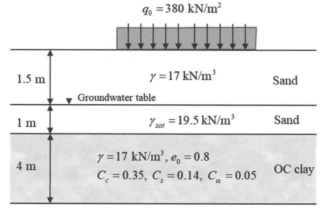

圖中尺寸未按實際比例繪製

（109 土技-大地工程學#4）

參考題解

題型解析	屬壓密沉陷計算應用題型
難易程度	瞭解相關公式定義、小心計算即可得分之簡易型題目
講義出處	109 土壤力學 7.6（P.161~162）、3.2.12（P.39） 例題 7-4（P.172）、例題 7-6（P.174）、例題 7-30（P.220）、例題 7-32（P.222）、 109 考前仿真模擬考直接命中

（一）主壓密沉陷量

黏土中間位置初始有效應力σ_0'

$$\sigma_0' = 17 \times 1.5 + 19.5 \times 1 + 17 \times 2 - 9.81 \times 3 = 49.57\text{kPa}（題意 OC）$$

黏土預壓密應力$\sigma_c' = 75\text{kPa}$

填土後黏土中間位置有效應力增量$\Delta\sigma$

$$\Delta\sigma = \frac{\Delta q \times B \times L}{(B + z)(L + z)} = \frac{380 \times 5 \times 15}{(5 + 4.5)(15 + 4.5)} = 153.85\text{kPa}$$

$$\sigma_1' = 49.57 + 153.85 = 203.42\text{kPa} > \sigma_c' = 75\text{kPa} \quad 正常壓密黏土$$

$$C_c = 0.35，C_r = 014$$

黏土層主要壓密沉陷量

$$\Delta H = \frac{C_s}{1+e_0} H \log\frac{\sigma'_c}{\sigma'_0} + \frac{C_c}{1+e_0} H \log\frac{\sigma'_1}{\sigma'_c}$$

$$= \frac{0.14}{1+0.8} \times 400 \times \log\frac{75}{49.57} + \frac{0.35}{1+0.8} \times 400 \times \log\frac{203.42}{75}$$

$$= 5.595 + 33.704 = 39.30\text{cm} ……………… \text{Ans.}$$

（二）5 年後二次壓密沉陷量

二次壓縮指數$C_\alpha = 0.05$

$$\Delta H = \frac{e_0 - e_p}{1+e_0} H_0 \Longrightarrow 39.3 = \frac{0.8 - e_p}{1+0.8} \times 400 \Longrightarrow e_p = 0.623$$

二次沉陷量 $\Delta H_s = \dfrac{C_\alpha H_0}{1+e_P} \log\dfrac{t}{t_p}$　　（使用 DAS 等同類原文書籍公式）

$$= \frac{0.05}{1+0.623} \times 400 \times \log\frac{5}{1} = 8.61\text{cm} …………………… \text{Ans.}$$

如使用一般國內補教界傳授之算法：

二次沉陷量 $\Delta H_s = \dfrac{C_\alpha H_0}{1+e_0} \log\dfrac{t}{t_p}$

$$= \frac{0.05}{1+0.8} \times 400 \times \log\frac{5}{1} = 7.77\text{cm} ………………… \text{Ans.}$$

六、有一個長、寬為 1.5 公尺之方形淺基礎，厚 0.4 公尺，將承載 350 kN 之軸力。基礎所在土層之單位重為 18 kN/m³，請用所附之圖表，計算在此淺基礎角落下方 1.5 公尺處，垂直應力之增量。（25 分）

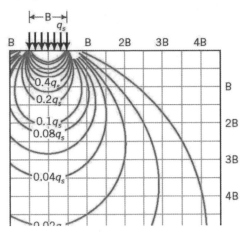

（109 三等-土壤力學與基礎工程#4）

參考題解

題型解析	利用應力球根圖形求取應力增量
難易程度	冷門、簡易題型
講義出處	109 土壤力學 5.4（P.85）。類似例題 7-14（P.186）

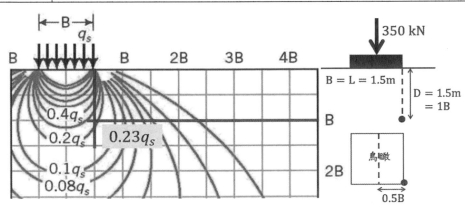

$$q_s = \frac{350}{1.5 \times 1.5} = 155.56 \, kPa$$

深度 = 1.5m = 1B，水平距離 = 0.5B

查圖得 $\Delta\sigma = 0.23 q_s = 35.78 kPa$.........................Ans.

七、圖為淺基礎及座落土層之資料，地下水位以上採用濕單位重（γ），地下水位以下採用飽和單位重（γ_{sat}），土壤之孔隙比（e_0）、壓縮指數（C_c）、膨脹指數（C_s）及過壓密比（OCR）亦示於圖。淺基礎載重產生之地中應力增量採用 2：1 傳遞法（2 vertical to 1 horizontal slope）推估，試計算因基礎作用使黏土層產生之主壓密沉陷量（mm）。（25 分）

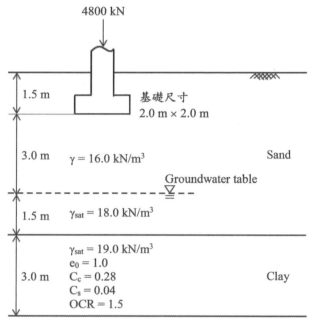

（110 土技-大地工程學#1）

參考題解

題型解析	結合淺基礎與壓密沉陷量之常見考題
難易程度	簡易題型
講義出處	110（一貫班）土壤力學 P.193 例題 7-5 類似題 110（一貫班）基礎工程 P.143 例題 4-5 類似題

P = 4800 kN為外來力

基礎版位置(z = 1.5 m)之淨載重增量 $\Delta q = \dfrac{4800}{2 \times 2} = 1200\ kPa$

黏土層中央(版下 6 m)之垂直應力增加量 $\Delta\sigma'$：以 2：1應力傳遞近似法

黏土層中央 $\Delta\sigma' = \dfrac{P}{(B+d)^2} = \dfrac{4800}{(2+6)^2} = 75\ kPa$

黏土層中央原始有效應力 σ'_0

$\sigma'_0 = 16 \times 4.5 + 18 \times 1.5 + 19 \times 1.5 - 9.81 \times 3 = 98.07\ kPa$

$\sigma'_0 < \sigma'_c = 98.07 \times 1.5 = 147.105 \text{ kPa} \qquad \Rightarrow \quad$ 為過壓密黏土

$\sigma'_0 + \Delta\sigma' = 98.07 + 75 = 173.07 > \sigma'_c \qquad \Rightarrow \quad$ 為正常壓密黏土

$$\Delta H_c = \frac{C_s}{1 + e_0} \times H_0 \times \log\frac{\sigma'_c}{\sigma'_0} + \frac{C_c}{1 + e_0} \times H_0 \times \log\frac{\sigma'_0 + \Delta\sigma'}{\sigma'_c}$$

$$= \frac{0.04}{1 + 1} \times 3000 \times \log\frac{147.105}{98.07} + \frac{0.28}{1 + 1} \times 3000 \times \log\frac{173.07}{147.105}$$

$$= 10.57 + 29.65 = 40.22 \text{mm} \dots\dots\dots\dots\dots\dots\dots\dots\dots\dots\dots\dots \text{Ans.}$$

八、有一土壤剖面如下圖所示,由距離地表面 2 m 深度開始,有一厚度為 5 m 之黏土層,此黏土層為正常壓密黏土。現於地表面施加均勻分布的應力 100 kN/m²,請計算:(25 分)

(一)黏土層之主要壓密沉陷量;

(二)施加應力 1 個月後、2 個月後、3 個月後所得到之壓密沉陷量分別為何?

(三)施加應力多少天後可以得到 50 cm 的壓密沉陷量?

註:

$$\text{For } U = 0 \text{ to } 60\%, \quad T_v = \frac{\pi}{4}\left(\frac{U\%}{100}\right)^2$$

$$\text{For } U > 60\%, \quad T_v = 1.781 - 0.933 \cdot \log(100 - U\%)$$

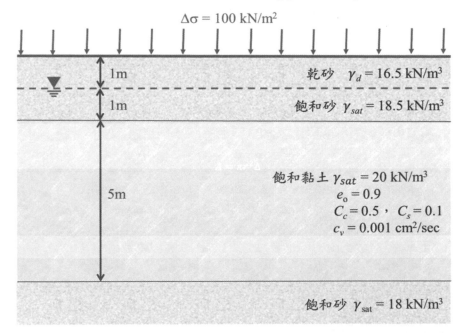

(110 結技-土壤力學與基礎設計#2)

參考題解

（一）主要壓密沉陷量

黏土中點 $\sigma_0' = 16.5 \times 1 + 18.5 \times 1 + 20 \times 2.5 - 9.81 \times 3.5 = 50.665\text{kPa}$

$$\Delta H_c = \frac{C_c}{1 + e_0} H_0 \log \frac{\sigma_1'}{\sigma_0'}$$

$$= \frac{0.5}{1 + 0.9} \times 500 \times \log \frac{50.665 + 100}{50.665} = 62.28\text{cm} \ldots\ldots \text{Ans.}$$

（二）施加應力 1 個月後所得到之壓密沉陷量

$$T_v = \frac{C_v t}{H_{dr}^2} \Rightarrow T_v = \frac{0.001 \times 1 \times 30 \times 86400}{(500/2)^2} = 0.041472$$

$$\Rightarrow 使用 T_v = \frac{\pi}{4} U_{avg}^2 \qquad 0 \le U \le 60\%$$

$$\Rightarrow 0.041472 = \frac{\pi}{4} U_{avg}^2$$

$\Rightarrow$ 解得 1 個月後 $U_{avg} = 0.2298 = 22.98\% < 60\%$，代表使用公式正確

1 個月後密沉陷量 $\Delta H_{1月} = 62.28 \times 0.2298 = 14.31\text{cm} \ldots\ldots \text{Ans.}$

施加應力 2 個月後所得到之壓密沉陷量

$$T_v = \frac{C_v t}{H_{dr}^2} \Rightarrow T_v = \frac{0.001 \times 2 \times 30 \times 86400}{(500/2)^2} = 0.082944$$

$$\Rightarrow 使用 T_v = \frac{\pi}{4} U_{avg}^2 \qquad 0 \le U \le 60\%$$

$$\Rightarrow 0.082944 = \frac{\pi}{4} U_{avg}^2$$

$\Rightarrow$ 解得 2 個月後 $U_{avg} = 0.3250 = 32.50\% < 60\%$，代表使用公式正確

2 個月後密沉陷量 $\Delta H_{2月} = 62.28 \times 0.3250 = 20.24\text{cm} \ldots\ldots \text{Ans.}$

施加應力 3 個月後所得到之壓密沉陷量

$$T_v = \frac{C_v t}{H_{dr}^2} \Rightarrow T_v = \frac{0.001 \times 3 \times 30 \times 86400}{(500/2)^2} = 0.124416$$

$$\Rightarrow 使用 T_v = \frac{\pi}{4} U_{avg}^2 \qquad 0 \le U \le 60\%$$

$$\Rightarrow 0.124416 = \frac{\pi}{4} U_{avg}^2$$

$\Rightarrow$ 解得 3 個月後 $U_{avg} = 0.398 = 39.80\% < 60\%$，代表使用公式正確

3 個月後密沉陷量 $\Delta H_{3月} = 62.28 \times 0.3980 = 24.79\text{cm} \ldots\ldots \text{Ans.}$

（三）50 cm 的壓密沉陷量需時多久

$U_{avg} = 50/62.28 = 0.8028 = 80.28\%$

For $U > 60\%$，$T_v = 1.781 - 0.933\log(100 - U\%)$

$T_v = 1.781 - 0.933\log(100 - 80.28) = 0.57285$

$T_v = \dfrac{C_v t}{H_{dr}^2} \Rightarrow 0.57285 = \dfrac{0.001 \times t}{(500/2)^2}$

$\Rightarrow t = 35803125\,\text{sec.} = 414.39$ 天...........................Ans.

九、於【P.95 頁／110 三等-土壤力學與基礎工程#2】所得筏式基礎計算結果，如該正常壓密黏土之壓密係數 $C_c = 0.2$，孔隙比 $e = 0.9$，其下方為堅實岩石，採用 2：1 法，計算該基礎中心點位置下方土層由基礎荷重所引起之壓密沉陷量。（25 分）

（110 三等-土壤力學與基礎工程#3）

參考題解

使用 $D_f = 2.62\ m$

開挖後之黏土中點（基礎版往下算）$z = \dfrac{14 - 2.62}{2} = 5.69\ m$

開挖前之黏土層中心（指開挖後剩餘厚度之中心）初始有效應力

$\sigma'_0 = 17 \times 2 + (17 - 9.81) \times (2.62 - 2 + 5.69) = 79.37\ \text{kN/m}^2$

施加之荷重為 Q = 12 MN，**假設施工快速、黏土來不及膨脹：**

筏基基礎接觸應力增量 $\Delta q = q_a = \dfrac{Q}{A} - \gamma D_f = (125 - 17D_f) = 80.46\ \text{kPa}$

開挖後之黏土中點應力增量 $= \dfrac{80.46 \times 8 \times 12}{(8 + 5.69)(12 + 5.69)} = 31.89\ kPa$

$\Delta H = \dfrac{C_c}{1 + e_0} H' \log \dfrac{\sigma'_0 + \Delta\sigma'}{\sigma'_0}$

$= \dfrac{0.2}{1 + 0.9} \times (14 - 2.62) \times 100 \times \log \dfrac{79.37 + 31.89}{79.37} = 17.57\text{cm}$......Ans.

5 土壤剪力強度
Chapter 重點內容摘要

（一）平面應力轉換公式：壓逆為正，θ 逆時針為正，水平線 $\theta = 0°$

$$\sigma_\theta = \frac{\sigma_x + \sigma_y}{2} - \frac{\sigma_x - \sigma_y}{2}\cos 2\theta + \tau_{xy}\sin 2\theta$$

$$\tau_\theta = -\frac{\sigma_x - \sigma_y}{2}\sin 2\theta - \tau_{xy}\cos 2\theta$$

（二）土壤剪力強度

1. $\tau = \sigma' \tan \varphi' + c'$

2. 三軸壓縮試驗（CU）破壞時，總應力-主應力關係式：

    $$\sigma_1 = \sigma_3 \tan^2\left(45° + \frac{\varphi_{cu}}{2}\right) + 2c_{cu}\tan\left(45° + \frac{\varphi_{cu}}{2}\right)$$

3. 三軸壓縮試驗破壞時，有效應力-主應力關係式：

    $$\sigma_1' = \sigma_3' \tan^2\left(45° + \frac{\varphi'}{2}\right) + 2c'\tan\left(45° + \frac{\varphi'}{2}\right)$$

4. 三軸壓縮試驗破壞面與水平面夾角：$\alpha_f = 45° + \dfrac{\varphi'}{2}$

5. 砂和粉土：$c = 0$

    正常壓密黏土（NC-clay）：$c \approx 0$

    過壓密黏土（OC-clay）：c 大於 0

（三）不壓密不排水孔隙水壓力增量：$\Delta u_c = B\left[\Delta\sigma_3 + A\left(\Delta\sigma_1 - \Delta\sigma_3\right)\right]$

1. $B = \Delta u / \Delta\sigma_3$，飽和時（$S = 100\%$），$B = 1$

2. 飽和情況下，破壞時之 $A_f = \Delta u_d / \Delta\sigma_d$

    （1）正常壓密或輕微過壓密黏土：$A_f = 0 \sim 1$

    （2）高度過壓密黏土：A_f 可能小於零

（四）不排水剪力強度 c_u：為破壞時莫爾圓半徑

c_u 經驗式：Skempton，正常壓密黏土 $\dfrac{c_u}{\sigma'_0} = 0.11 + 0.0037PI$

（五）無圍壓縮強度 q_u：為破壞時莫爾圓直徑，$c_u = q_u/2$

粘土靈敏度 $S_t = \dfrac{q_u\,(未擾動)}{q_u\,(擾動)}$

（六）應力路徑：

1. 總應力：$p = \dfrac{\sigma_v + \sigma_h}{2}$ ，$q = \dfrac{\sigma_v - \sigma_h}{2}$

2. 有效應力：$p' = \dfrac{\sigma'_v + \sigma'_h}{2}$ ，$q' = \dfrac{\sigma'_v - \sigma'_h}{2}$

3. $p = p' + u_w$ ，$q = q'$

4. $K_f - Line$ ：$\sin\varphi = \tan\alpha$ ，$c\cos\varphi = a$

5. 應力路徑：

   （1）軸向壓縮 AC；軸向伸張 AE

   （2）側向壓縮 LC；側向伸張 LE

參考題解

一、某試體做三軸試驗，在可完全壓密條件下，施加圍壓 $200 kN/m^2$，然後在不排水條件下，再將圍壓增加到 $350 kN/m^2$，並量到孔隙水壓力為 $144 kN/m^2$。而後在不排水條件下，再開始對試體施加軸差應力，直到試體破壞為止，並同時得到下列結果：

軸向應變（%）	0	2	4	6	8	10
軸差應力（kN/m^2）	0	201	252	275	282	283
孔隙水壓力（kN/m^2）	144	244	240	222	212	200

（一）試求孔隙水壓參數 B 為何？（10 分）

（二）試求出不同應變值下所對應之孔隙水壓參數 A 各為何？並繪出孔隙水壓參數 A（縱座標）對軸向應變（橫座標）之關係圖。（10 分）

（三）並說明破壞時孔隙水壓參數 A 為何？（5 分）

（106 高考–土壤力學#4）

參考題解

（一）孔隙水壓參數 $B = \dfrac{\Delta u}{\Delta \sigma_3} = \dfrac{144}{350 - 200} = 0.96$

（二）$\Delta u = B\left[\Delta \sigma_3 + A\left(\Delta \sigma_1 - \Delta \sigma_3\right)\right] = B\Delta \sigma_3 + AB\Delta \sigma_d$ ， $B = 0.96$ ， $B\Delta \sigma_3 = 144$

$A = \Delta u_d / B\Delta \sigma_d$ ，不同應變之 A 值列表計算如下：

軸向應變（%）	0	2	4	6	8	10
軸差應力（kN/m^2）	0	201	252	275	282	283
孔隙水壓力（kN/m^2）	144	244	240	222	212	200
因軸差引起之孔隙水壓力（kN/m^2）	0	100	96	78	68	56
孔隙水壓力 A	0	0.518	0.397	0.296	0.251	0.206

繪 A 值（縱座標）對軸向應變（橫座標）之關係圖如下：

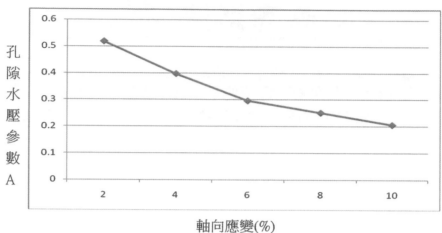

孔隙水壓參數 A

軸向應變(%)

（三）本試驗得該土壤破壞時孔隙水壓參數 $A_f = 0.206$，該參數係飽和試體先受均勻圍壓壓密後，在不排水與允許側向變形下，受軸差作用破壞時，軸差應力與所引起孔隙水壓力增量之關係，$A = \Delta u / \Delta \sigma_d$。若前開試體在未飽和狀況下，軸差應力與所引起孔隙水壓力增量之關係則為 $\Delta u = AB\Delta \sigma_d$，$B \neq 1$。

二、進行三個不擾動正常壓密黏土之三軸壓密不排水試驗（Consolidated Undrained Test），試體破壞時所記錄的應力與孔隙水壓資料如下表所示。試繪出此黏土之排水與不排水剪力破壞包絡線，計算其強度參數，（20 分）並計算第一個試體破壞時之孔隙水壓參數。（5 分）

圍壓（kN/m^2）	破壞時軸差應力（kN/m^2）	破壞時孔隙水壓（kN/m^2）
200	118	110
400	240	220
600	352	320

（106 土技-大地工程學#2）

參考題解

（一）試驗有 3 組數據，以 p-q 圖法回歸得 K_f line 的斜率（α 角），依 $\sin\varphi = \tan\alpha$ 之關係，可求得土壤強度參數及剪力破壞包絡線

總應力：$p = \dfrac{\sigma_1 + \sigma_3}{2}$，$q = \dfrac{\sigma_1 - \sigma_3}{2}$；有效應力：$p' = \dfrac{\sigma_1' + \sigma_3'}{2}$，$q' = \dfrac{\sigma_1' - \sigma_3'}{2}$

依題目將試驗數據列表及計算如下：（單位：kN/m^2）

σ_3	σ_1	p	q	u_w	σ'_3	σ'_1	p'	q'
200	318	259	59	110	90	208	149	59
400	640	520	120	220	180	420	300	120
600	952	776	176	320	280	632	456	176

σ_3：圍壓，σ_1：圍壓加破壞時軸差

因正常壓密黏土，c 及 c' 為零，即破壞包絡線通過原點，回歸線之截距為零。

以 p-q 圖經線性回歸，得 $\tan\alpha = \dfrac{q}{p} = 0.228$，

代入 $\sin\varphi = \tan\alpha$，得不排水破壞包絡線（總應力）之 $\varphi_{cu} = 13.17°$

以 p'-q'圖經線性回歸，得 $\tan\alpha = \dfrac{q'}{p'} = 0.3906$，

代入 $\sin\varphi = \tan\alpha$，得排水破壞包絡線（有效應力）之 $\varphi' = 22.99°$

分別繪出此黏土之排水與不排水剪力破壞包絡線如下：

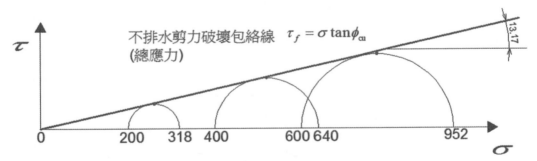

剪力強度參數：$\varphi_{cu} = 13.17°$，$c_{cu} = 0$

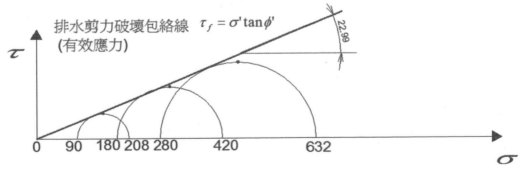

剪力強度參數：$\varphi' = 22.99°$，$c' = 0$

備註：本題以繪圖方式，再以概略目視研判，亦可求得強度參數；以主應力關係式

$\sigma_1 = \sigma_3 \tan^2\left(45° + \varphi/2\right)$，可得各試驗數據之 φ。

（二）第一個試體破壞時之孔隙水壓參數 $A_f = \dfrac{\Delta u_d}{\Delta \sigma_d} = \dfrac{110}{118} = 0.932$

三、一砂土試體進行三軸飽和壓密不排水試驗（SCU test），試體壓密完成之反水壓為 $100kP_a$，圍壓為 $200kP_a$，達到破壞時之軸差應力為 $200kP_a$，Skempton 孔隙水壓參數 $\overline{A_f} = 0.2$，依上述條件回答下列問題：

（一）計算總應力與有效應力強度參數 (c, ϕ) 及 (c', ϕ')。（10 分）

（二）依 Lambe（1964）之定義，繪製此試體可能之總應力與有效應力之應力路徑。（10 分）

（三）推論此試體為緊砂或鬆砂狀態，並說明推論之依據。（5 分）

（107 高考-土壤力學#2）

參考題解

（一）SCU 試驗含反水壓之各階段總應力、孔隙水壓力及有效應力

	總應力 σ	孔隙水壓力 u_w	有效應力 σ'
加圍壓	$\sigma_v = \sigma_h = 200$	$u_{back} = 100$	$\sigma'_v = \sigma'_h = 100$
加軸差	$\sigma_3 = \sigma_h = 200$ $\sigma_1 = \sigma_v = 400$	$u_f = 0.2 \times 200 + 100$ $= 140$	$\sigma'_3 = \sigma'_h = 60$ $\sigma'_1 = \sigma'_v = 260$

反水壓 $u_{back} = 100kP_a$；飽和 $B = 1.0$，$\overline{A_f} = 0.2$，單位 kP_a

總應力：$\sigma_1 = \sigma_3 tan^2\left(45 + \dfrac{\phi_{cu}}{2}\right) + 2c_{cu}tan\left(45 + \dfrac{\phi_{cu}}{2}\right)$

有效應力：$\sigma'_1 = \sigma'_3 tan^2\left(45 + \dfrac{\phi'}{2}\right) + 2c'tan\left(45 + \dfrac{\phi'}{2}\right)$

砂土，$c = 0$，$c' = 0$

$400 = 200tan^2\left(45 + \dfrac{\phi}{2}\right)$，得 $\phi = 19.47°$，

總應力強度參數 $(c, \phi) = (0, 19.47°)$

$260 = 60tan^2\left(45 + \dfrac{\phi'}{2}\right)$，得 $\phi' = 38.68°$，

有效應力強度參數 $(c', \phi') = (0, 38.68°)$

（二）依 Lambe（1964）定義於 $p - q$ 座標系統（$p - q$ diagrams）之應力點（stress point），p 為莫爾圓圓心，q 莫爾圓半徑，以常見土壤使用狀況以水平向應力 σ_v 及垂直向應

力 σ_h 表示：（σ_v 及 σ_h 為主應力）

總應力：$p = \frac{\sigma_v + \sigma_h}{2}$ ， $q = \frac{\sigma_v - \sigma_h}{2}$ ；有效應力：$p' = \frac{\sigma'_v + \sigma'_h}{2}$ ， $q' = \frac{\sigma'_v - \sigma'_h}{2} = q$

破壞包絡線 K_f Line，由有效應力控制，在 $p - q$ 座標上方程式 $q' = p'tan\alpha'$

$sin\phi' = tan\alpha'$，得 $\alpha' = 32°$（控制破壞）；$sin\phi = tan\alpha$，得 $\alpha = 18.43°$

繪製可能之應力路徑如圖

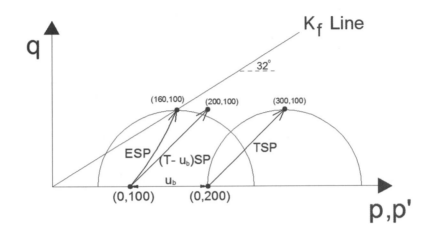

圖上，u_b 為反水壓，TSP 為總應力之應力路徑，ESP 為有效應力之應力路徑，另軸差階段孔隙水壓參數多非為定值，題目僅知初始有效圍壓及破壞時有效應力，中間過程無法確認，故 ESP 以曲線表示。圖上並將總應力莫爾圓及有效應力莫爾圓繪出供參，另 $(T - u_b)SP$ 為扣除反水壓後總應力之應力路徑。

（三）加軸差時為不排水狀態，至破壞時產生正的超額孔隙水壓，依此判斷較可能屬於鬆砂。

四、某正常壓密之飽和黏土試體進行壓密不排水（CU）三軸壓縮試驗，施加之圍壓為 100 kPa，在施加軸差應力為 85 kPa 時，試體發生破壞，此時試體之孔隙水壓為 67 kPa。在相同土層取得的第二個黏土試體，也進行壓密不排水三軸試驗，施加之圍壓為 250 kPa，試求：

（一）第二個試體破壞時之軸差應力。（5分）

（二）此黏土之總應力內摩擦角（ϕ_{cu}）及有效應力內摩擦角。（10分）

（三）試體破壞面與水平面的夾角。（5分）

（四）黏土破壞時之水壓參數（A_f）。（5分）

（107 結技-土壤力學與基礎設計#2）

參考題解

CU 試驗各階段總應力、孔隙水壓力及有效應力　　　　　　　　　　　　　　單位：kP_a

	總應力σ	孔隙水壓力u_w	有效應力σ'
加圍壓	$\sigma_v = \sigma_h = 100$	0	$\sigma'_v = \sigma'_h = 100$
加軸差$\sigma_d = 85$	$\sigma_3 = \sigma_h = 100$ $\sigma_1 = \sigma_v = 185$	$u_f = 67$	$\sigma'_3 = \sigma'_h = 33$ $\sigma'_1 = \sigma'_v = 118$

正常壓密黏土，$c' \approx 0$，　$c \approx 0$

$\sigma_1 = \sigma_3 \tan^2\left(45 + \frac{\phi_{cu}}{2}\right)$，$185 = 100\tan^2\left(45 + \frac{\phi_{cu}}{2}\right)$，得總應力內摩擦角 $\phi_{cu} = 17.35°$

$\sigma'_1 = \sigma'_3 \tan^2\left(45 + \frac{\phi'}{2}\right)$，$118 = 33\tan^2\left(45 + \frac{\phi'}{2}\right)$，得有效應力內摩擦角 $\phi' = 34.26°$

圍壓 $250kP_a$ 之 CU 試驗，$\sigma_1 = 250\tan^2\left(45 + \frac{17.35}{2}\right)$，得 $\sigma_1 = 462.46kP_a$，

第二個試體破壞時之軸差應力 $\sigma_d = 462.46 - 250 = 212.46kP_a$

破壞由有效應力控制，破壞面與水平面的夾角 $\alpha_f = 45 + \frac{\phi'}{2} = 62.13°$

由第一個試體，得破壞時之水壓參數 $A_f = \frac{\Delta u_d}{\Delta \sigma_d} = \frac{67}{85} = 0.788$

（一）第二個試體破壞時之軸差應力 $\sigma_d = 212.46kP_a$

（二）$\phi_{cu} = 17.35°$；$\phi' = 34.26°$。

（三）破壞面與水平面的夾角 $\alpha_f = 62.13°$

（四）破壞時之水壓參數 $A_f = 0.788$

五、對某飽和黏土，進行一系列三次不壓密不排水試驗（UU），得到如下表之結果：（一）試繪此 UU 試驗之應力莫爾圓圖。（10 分）（二）試求此黏土之不排水剪力強度 Su 為何？（15 分）

試體編號	1	2	3
圍壓應力（kpa）	200	400	600
軸差應力（kpa）	222	218	220

（108 高考-土壤力學#1）

參考題解

（一）設壓逆為正，僅繪莫爾圓上半部，繪題目 UU 試驗各應力莫爾圓如下：

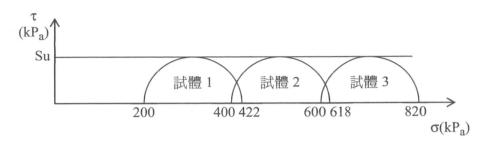

（二）不排水剪力強度為莫爾圓半徑，各試驗結果半徑差不多，取平均值

$$S_u = \frac{111 + 109 + 110}{3} = 110(KP_a)$$

六、就土壤三軸壓密排水試驗（CD test）和單向度壓密試驗：

　　（一）試比較三軸壓密排水試驗在受軸差應力階段，而單向度壓密試驗受垂直載重階段時，兩者試體產生側向（半徑方向）應變，有何不同？壓密試驗得到的楊氏係數和一般的楊氏係數，有何不同？它在模擬現場黏土分布的面積範圍之情形為何？（15 分）

　　（二）這兩種試驗結果，分別可得到那些土壤參數？（10 分）

（108 土技-大地工程學#1）

參考題解

題型解析 難易程度	簡單但冷門觀念題（涉及材料力學）
講義出處	108 土壤力學 7-2-1（P.142）、7-3（P.146）、8-3（P.210）

（一）1. 三軸壓密排水試驗允許側向變形（試體以橡皮膜包覆），模擬的是工址某位置產生的剪力破壞模式，試體會產生側向（半徑方向）應變；單向度壓密試驗不允許側向變形（側向有金屬壓密環），模擬的是廣大面積的加載行為，孔隙水的排出方向僅為垂直向（z 向），即是所謂的單向度壓密，此試體不會產生側向（半徑方向）應變（$\varepsilon_x = \varepsilon_y = 0$，$\varepsilon_z \neq 0$）。

　　2. 一般的楊氏係數無限制側向變形（$\varepsilon_x \neq \varepsilon_y \neq \varepsilon_z \neq 0$），與壓密試驗限制側向變形、僅有軸向變形所得到的楊氏係數（此稱拘限模數，D）有下列關係：

$$拘限模數\ D = E_{壓密} = \frac{d\sigma_y}{d\varepsilon_y} = \frac{(1 - \nu)}{(1 + \nu)(1 - 2\nu)}E$$

3. 一般而言,當現場黏土層所受之應力增量(Δσ′),其加載的面積遠大於土壤的厚度時,稱之廣大(或稱無限)面積加載。壓密試驗就是在模擬這樣的應力加載行為,此時在土層中任一點位置所受的應力增量都是 Δσ′。

(二)除了上述可得的變形參數:楊氏係數與柏松比,尚可得以下參數:

1. 三軸壓密排水試驗可得有效應力剪力參數 c′、φ′。

2. 土壤壓密試驗可得土壤壓縮性的各種常數:壓密係數C_v,壓縮係數a_v、體積壓縮係數 m_v,壓縮指數 C_c、膨脹指數 C_s、再壓縮指數 C_r 及滲透係數 $k = C_v m_v \gamma_w$ 等,以供計算結構物在粘土層上所引起之沉陷量及沉陷速度。

七、在實驗室以一過壓密黏土做傳統三軸壓密排水試驗,在壓密完成,施予軸差應力的過程中,試體維持在 100 kPas 之有效圍壓(Effective Confining Pressure)。試驗結果發現其應力應變為線性關係,故此黏土為一等向性完全彈性材料(Isotropic Perfectly Elastic Material)。在剪切一開始,試體受到一個 $\Delta\varepsilon_a = 0.9\%$的軸應變增量後,所量測到的軸差應力增量為 90 kPa,以及體積應變增量為 $\Delta\varepsilon_v = 0.3\%$。

(一)請畫出此試體所經歷之應力路徑。(10分)

(二)在這個狀態下,請求出此黏土之剪力模數(Shear Modulus),楊式模數(Young's Modulus),統體模數(Bulk Modulus),與波松比(Poisson's Ratio)。(10分)

(108 三等-土壤力學與基礎工程#5)

參考題解

(一)$p - q$應力路徑

	$p' = \dfrac{\sigma_v' + \sigma_h'}{2}$	$q' = \dfrac{\sigma_v' - \sigma_h'}{2}$
圍壓階段	$p' = \dfrac{100 + 100}{2} = 100$	$q' = \dfrac{100 - 100}{2} = 0$
軸差應力階段	$p' = \dfrac{190 + 100}{2} = 145$	$q' = \dfrac{190 - 100}{2} = 45$

$\sigma_1' = \sigma_3' K_p' + 2c'\sqrt{K_p'}$ $\Rightarrow$ $190 = 100 K_p' + 0$

$\Rightarrow K_p' = \dfrac{190}{100} = \tan^2\left(45° + \dfrac{\varphi'}{2}\right) \Rightarrow \varphi' = 18.08°$

$\tan\alpha = \sin\varphi' \Rightarrow K_f$線 $\alpha = \tan^{-1}\sin\varphi' = 17.24°$

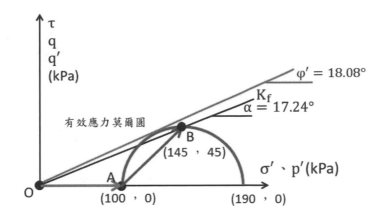

畫出此試體所經歷之應力路徑如下：

有效應力之應力路徑：O → A → B … … … … … … Ans.

（二）$\Delta\varepsilon_1 = \Delta\varepsilon_a = 0.9\% = \dfrac{1}{E}[\Delta\sigma_1 - \nu(\Delta\sigma_2 + \Delta\sigma_3)]$

其中 $\Delta\sigma_1 = 90\text{kPa}$，$\Delta\sigma_2 = \Delta\sigma_3 = 0$

$\Rightarrow 0.9\% = \dfrac{1}{E}[90 - \nu(0 + 0)]$

$\Rightarrow E = 90/0.9\% = 1 \times 10^4 \text{kN/m}^2$ ………………… Ans.

體積尸田應變增量為 $\Delta\varepsilon_v = 0.3\%$

使用近似解：$\Delta\varepsilon_v = 0.3\% = \Delta\varepsilon_1 + \Delta\varepsilon_2 + \Delta\varepsilon_3$，其中 $\Delta\varepsilon_2 = \Delta\varepsilon_3$

$\Rightarrow 0.3\% = 0.9\% + 2\Delta\varepsilon_2$

$\Rightarrow \Delta\varepsilon_2 = \Delta\varepsilon_3 = -0.3\%$

$\Rightarrow$ 波松比 $\nu = |\Delta\varepsilon_2/\Delta\varepsilon_1| = 0.3/0.9 = \dfrac{1}{3}$ ………………………… Ans.

$\Rightarrow$ 剪力模數 $G = \dfrac{E}{2(1+\nu)} = \dfrac{1 \times 10^4}{2(1 + 1/3)} = 3.75 \times 10^3 \text{kN/m}^2$ …… Ans.

$\Rightarrow$ 統體模數 $K = \dfrac{E}{3(1-2\nu)} = \dfrac{1 \times 10^4}{3(1 - 2 \times 1/3)} = 1 \times 10^4 \text{kN/m}^2$ … Ans.

八、如何進行黏土的三軸壓密不排水試驗（CU Test）？如何由試驗結果，分別得到土壤之不排水及排水剪力強度參數？（25 分）

（109 高考-土壤力學#1）

參考題解

題型解析	申論題
難易程度	簡單入門題型
講義出處	109 土壤力學 8.6（P.243）

（一）三軸壓密不排水 CU 試驗進行各階段之應力加載：

1. 進行三軸壓密不排水 CU 試驗，第 1 階段施加圍壓且將排水閥門打開（排水才可壓密，故稱 C。此階段不會產生超額孔隙水壓），圍壓常採均向（isotropically）方式進行（$\sigma_1 = \sigma_2 = \sigma_3$），故而有時也簡稱 CIU 試驗，（consolidated isotropically）。

2. 第 1 階段：施加圍壓階段，常稱為初始圍壓。此時因排水閥門打開、不會產生超額孔隙水壓，故初始應力狀態 $\sigma_1 = \sigma_1' = \sigma_3 = \sigma_3' = \sigma_c$。

3. 第 2 階段：施加軸差應力（$\Delta\sigma_d$）（通常於垂直向），此時排水閥需關閉且加載應力速率相對於 CD 試驗為快，因排水閥門關閉故產生超額孔隙水壓，因此 CU 試驗重點在於量測試體孔隙水壓的變化。

4. 此試驗可得剪力強度參數：總應力 c、φ、有效應力的 c'、φ'。

5. 可量測破壞時的超額孔隙水壓 u_f，進而求得孔隙水壓力參數A 或 D。

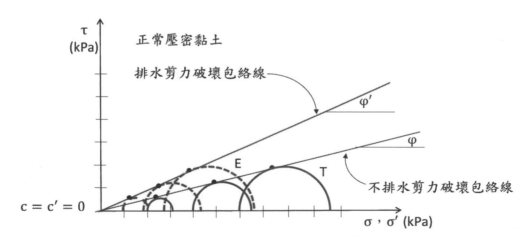

（二）利用上述說明試驗（至少需 2 組試驗數據）最終得到黏土破壞時的圍壓、軸差應力、及破壞時量測到的孔隙水壓：

1. 計算破壞時的最大、最小主應力及最大、最小有效主應力。

$$\sigma_{1,f} = \sigma_{3,f} + \Delta\sigma_{d,f} \text{，} \sigma'_{1,f} = \sigma'_{3,f} + \Delta\sigma_{d,f}$$

$$\sigma'_{1,f} = \sigma_{1,f} - u_f \text{，} \sigma'_{3,f} = \sigma_{3,f} - u_f$$

2. 將所得的最大、最小主應力及最大、最小有效主應力（2 組數據可分別解得 2 個未知數）代入以下式子，可分別求得不排水剪力強度參數 c、φ 及排水剪力強度參數 c'、φ'。

$$\sigma_1 = \sigma_3 \times \tan^2\left(45° + \frac{\varphi}{2}\right) + 2c \times \tan\left(45° + \frac{\varphi}{2}\right)$$

$$\sigma'_1 = \sigma'_3 \times \tan^2\left(45° + \frac{\varphi'}{2}\right) + 2c' \times \tan\left(45° + \frac{\varphi'}{2}\right)$$

3. 正規來說，一般同一土壤至少取 3 組試體在不同圍壓下進行三軸試驗，所得數據會再以最小平方法（線性回歸）求取該土壤的不排水剪力強度參數 c、φ 及排水剪力強度參數 c'、φ'。以上所附之圖為正常壓密黏土的試驗結果。

九、在三軸壓密不排水試驗中，一飽和砂土試體在圍壓82.8 kN/m²下進行壓密，接著在不排水剪切的過程中，試體達到破壞的軸差應力為62.8 kN/m²，其破壞時試體的水壓為46.9 kN/m²。請求得該砂土之有效摩擦角。（25 分）

（109 三等-土壤力學與基礎工程#1）

參考題解

題型解析	三軸壓密不排水試驗分析計算題型
難易程度	簡單入門題型
講義出處	109 土壤力學 8.6（P.243）。類似例題 8-3（P.257）、8-4（P.258）、8-5（P.259）、例題 8-9（P.265）

飽和砂土試體 $\Rightarrow c' = 0$

$$\sigma'_1 = \sigma'_3 K_p + 2c'\sqrt{K'_p} \text{，} K'_p = \tan^2\left(45° + \frac{\varphi'}{2}\right)$$

$$\sigma'_1 = 82.8 + 62.8 - 46.9 = 98.7 \ kPa$$

$$\sigma'_3 = 82.8 - 46.9 = 35.9 \ kPa$$

$$\Rightarrow 98.7 = 35.9 \times K'_p \Rightarrow K'_p = 2.7493 \Rightarrow \varphi' = 27.81°\dots\dots\dots\text{Ans.}$$

基礎工程

Chapter **1** 開挖與擋土結構

重點內容摘要

（一）土壓力係數

$$K_a = \frac{1-\sin\varphi}{1+\sin\varphi} = \tan^2\left(45-\frac{\varphi}{2}\right)$$

$$K_p = \frac{1+\sin\varphi}{1-\sin\varphi} = \tan^2\left(45+\frac{\varphi}{2}\right)$$

（二）有效應力分析

$$\sigma_a = \gamma' z K_a + q K_a + \gamma_w z_w - 2c\sqrt{K_a} \quad, \quad K_a = \tan^2\left(45-\frac{\varphi'}{2}\right)$$

$$\sigma_p = \gamma' z K_p + q K_p + \gamma_w z_w + 2c\sqrt{K_p} \quad, \quad K_p = \tan^2\left(45+\frac{\varphi'}{2}\right)$$

（三）總應力分析

$$\sigma_a = \gamma_{sat} z K_a + q K_a - 2c\sqrt{K_a} \quad, \quad K_a = \tan^2\left(45-\frac{\varphi}{2}\right)$$

$$\sigma_p = \gamma_{sat} z K_p + q K_p + 2c\sqrt{K_p} \quad, \quad K_p = \tan^2\left(45+\frac{\varphi}{2}\right)$$

黏土短期不排水狀況，以總應力分析，參數取 c_u， $\varphi_{suu}=0$

張力裂縫深度 $z_c = \dfrac{2c}{\gamma\sqrt{K_a}} - \dfrac{q}{\gamma}$

（四）擋土牆

1. 抵抗滑動安全係數：（規範）

$$FS = \frac{\sum F_r}{\sum F_d} = \frac{\text{作用於牆前被牆前被動土壓力} + \text{牆底摩擦力}}{\text{作用於牆背之側壓力}} = \frac{P_P + N\tan\theta + cB}{P_A}$$

長期 $FS > 1.5$ ；地震 $FS > 1.2$

2. 抵抗傾覆安全係數：（規範）

$$FS = \frac{\sum M_r}{\sum M_0} = \frac{對牆前趾產生之抵抗力矩}{對牆前趾產生之傾覆力矩} = \frac{W \times l_w + P_P \times l_P}{P_A \times l_A}$$

長期 $FS > 2.0$；地震 $FS > 1.5$

（五）基底土壤承載應力

土壤承載力 $q_{max} \le q_a = \dfrac{q_{ult}}{3}$

1. $e=0$，$q = \dfrac{Q}{A}$

2. 單向偏心 $e \le \dfrac{B}{6}$，$q_{max} = \dfrac{Q}{A}\left(1 + \dfrac{6e}{B}\right)$

3. $e > \dfrac{B}{6}$，$q_{max} = \dfrac{4Q}{3L(B-2e)}$

（六）視土壓力

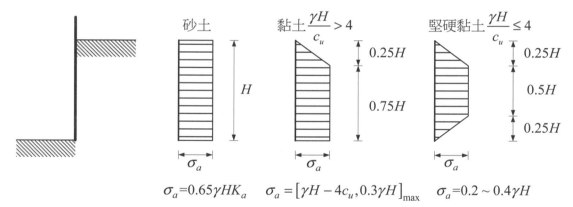

砂土　$\sigma_a = 0.65\gamma H K_a$

黏土 $\dfrac{\gamma H}{c_u} > 4$　$\sigma_a = [\gamma H - 4c_u, 0.3\gamma H]_{max}$

堅硬黏土 $\dfrac{\gamma H}{c_u} \le 4$　$\sigma_a = 0.2 \sim 0.4\gamma H$

（七）砂土黏土互層

$$c_{avg} = \frac{1}{2H}\left[\gamma_s K_s H_s^2 \tan\varphi + (H-H_s)n'q_u\right]，K_s = 1，n' = 0.75$$

$$\gamma_{avg} = \frac{1}{H}\left[\gamma_s H_s + (H-H_s)\gamma_{clay}\right]$$

（八）開挖穩定性分析

1. 抗隆起：

（1）Eide & Bjerrum：$FS = \dfrac{c_u N_c}{q + rH} \ge 1.2$

（2）Terzaghi & Peck：$FS = \dfrac{5.7c_u B_1}{qB_1 + \gamma H B_1 - c_{u1} H} \geq 1.5$

$$FS = \frac{5.7 c_u D}{qD + \gamma H D - c_{u1} H} \geq 1.5 \;,\; D < B/\sqrt{2}$$

（3）規範 $FS = \dfrac{M_r}{M_d} = \dfrac{R \displaystyle\int_0^{\frac{\pi}{2}+\alpha} s_u (X d\theta)}{W * \dfrac{X}{2}} \geq 1.2$ ，（$s_u = c_u$）

2. 貫入深度檢核：規範 $FS = \dfrac{F_p L_p + M_s}{F_a L_a} \geq 1.5$

3. 砂湧：規範 $FS = \dfrac{2\gamma' D}{\gamma_w \Delta H_w} \geq 1.5$ ， $FS = \dfrac{\gamma'(\Delta H_w + 2D)}{\gamma_w \Delta H_w} \geq 2.0$

4. 上舉：規範 $FS = \dfrac{\sum \gamma_{ti} h_i}{U_w} \geq 1.2$

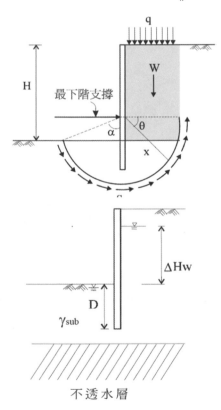

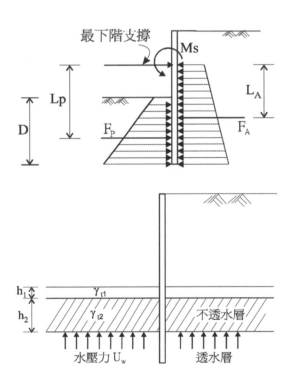

參考題解

一、下圖是山區道路邊坡開挖所施築之重力式擋土牆,假設牆背光滑,滑動面為背填砂土與堅硬岩石之界面,試計算(一)無水情況作用在擋土牆上之主動土壓合力;(10 分)(二)假設牆背滿水位狀況,作用在擋土牆上之主動土壓與水壓合力;(5 分)(三)牆背無水條件與滿水條件下,擋土牆之抗水平滑動與抗翻倒安全係數。(20 分)

給定條件如下

1. 混凝土牆單位重,牆頂寬 1m,牆底寬 3m;回填砂單位重,飽和重。

2. 背填砂土與堅硬岩石之界面摩擦角,混凝土牆底之黏著強度,摩擦角,牆底無水壓。

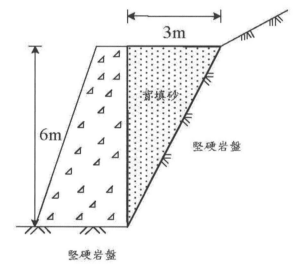

(106 土技-大地工程學#3)

參考題解

(一)無水情況

牆背光滑,主動土壓力 P_a 水平作用於擋土牆上,砂土與岩石界面摩擦角30°,故其界面正向力 N 偏移30°。

取單位長度（1m）分析

背填砂重量 W，與 N 及 P_a 及力平衡，取

背填砂土為自由體，受力如圖

$\beta = \tan^{-1}(6/3) = 63.435°$

$\theta = 33.435°$

$W = \dfrac{1}{2} \times 6 \times 3 \times 1 \times 17 = 153 kN$

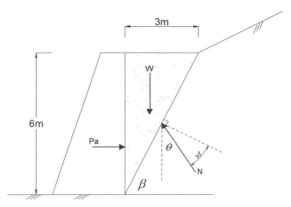

垂直力平衡 $N \cos\theta = W$

水平力平衡 $N \sin\theta = P_a$ ，$P_a = W\tan\theta = 153 \times \tan 33.435 = 101.02$

得每米長度作用在擋土牆上之主動土壓合力 $P_a = 101.02 kN$

作用位置距牆底 H/3 = 2m 處，水平向。

（二）牆背滿水位狀況，擋土牆受主動土壓力及水壓力如圖

土壤以浸水單位重計算 $W' = \dfrac{1}{2} \times 6 \times 3 \times 1 \times (19.5 - 9.8) = 87.3 kN$

依上述力平衡得每米長度作用在擋土牆上之主動土壓合力

$P_a = W' \tan\theta = 87.3 \times \tan 33.435 = 57.64\ kN$

作用位置距牆底 H/3 = 2m 處，水平向

每米長度作用在擋土牆上之水壓力

$P_w = 6 \times 9.8 \times 6 \times 0.5 \times 1 = 176.4 kN$ ，

作用位置距牆底 H/3 = 2m 處，水平向

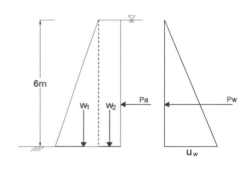

（三）單位長度混凝土擋土牆重 $W_c = \dfrac{1}{2}(1+3) \times 6 \times 1 \times 23 = 276 kN$

無水情況：

抗水平滑動安全係數 $FS = \dfrac{N \tan\varphi_B + c_B B}{P_a} = \dfrac{276 \times \tan 20 + 50 \times 3}{101.02} = 2.48$

$W_1 = 6 \times 2 \times 1 \times 0.5 \times 23 = 138 kN$ ，作用距牆前趾 $l_1 = 2/3 \times 2 = 1.333 m$

$W_2 = 6 \times 1 \times 1 \times 23 = 138 kN$ ，作用距牆前趾 $l_2 = 2 + 0.5 = 2.5 m$

抗翻倒安全係數 $FS = \dfrac{W l_w}{P_a \times l_a} = \dfrac{138 \times 1.333 + 138 \times 2.5}{101.02 \times 2} = 2.62$

滿水情況：

抗水平滑動安全係數 $FS = \dfrac{276 \times \tan 20 + 50 \times 3}{57.64 + 176.4} = 1.07$

抗翻倒安全係數 $FS = \dfrac{138 \times 1.333 + 138 \times 2.5}{57.64 \times 2 + 176.4 \times 2} = 1.13$

二、某地下室開挖剖面，如圖所示，其鑽探報告如表所示，開工前之施工計畫為研擬施工之安全，請分析以下問題：

（註：1.本案鑽探報告為公制，故請依公制計算，$\gamma_w = 1 tf/m^3$

　　　2.基地旁為空地，會堆放材料，地表超載重，$q = 1 tf/m^2$）

（一）擋土壁使用打擊式 FSP IV 鋼版樁（15.0 m 長，打至 GL-14.0 m），打樁時是否會振動、液化損鄰，請說明打擊式鋼版樁與土壤 N 值特性與深度之關係。（5分）若施工時為避免打樁振動、液化損鄰，應做那些應變措施？（5分）

（二）設計地下水位在 GL-1.0 m，請以擋土壁最高流線分析管湧安全係數為多少？（10分）（$FS = i_c/i$、$i_c = \gamma_{sub}/\gamma_w$）

（三）設計地下水位在 GL-1.0 m，請分析上舉破壞（土湧）安全係數為多少？（5分）又在 FS=2 之下，為防止發生上舉破壞則基坑內地下水位應降至 GL-？m。（10分）

（四）土壤短期不排水剪力強度 $S_u = 10N/16$（Terzaghi & Peck 1959）（本案砂土、粘土皆可用），請分析隆起之安全係數為多少？（10分）

$$FS = \frac{S_u \times (\pi + 2\alpha)}{\gamma H + q}$$

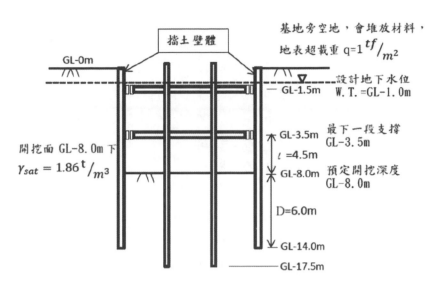

圖 地下室開挖剖面

表 鑽探報告

名　稱：	新建地質鑽探工程							孔　號：B 25					鑽探時間：83.4.16 20		
地　點：高雄市鹽埕區	鑽探深度：106m							地下水位：-5.21m					試驗時間：		

鑽 探 部 份			試　　　　驗　　　　部　　　　份													
土樣編號	深度 m	柱狀圖	地質說明	分類	顆粒分析			比重	自然含水量 %	當地密度 g/cc	孔隙比 e	液性限度 L.L.	塑性限度 P.L.	塑性指數 P.I.	無圍壓縮強度 T/m²	容許承載力 Qa(T/m²)	內摩擦角 φ
					礫石	砂	細粒								承載力未考慮沉陷因素		
S-1	1 / 2	回填、黃灰色細砂夾粘土 1.24m	ML	0	22.8	77.2	2.72	27.1	1.82	0.90	--	NP	--	--	5.1	--
S-2	3	1	灰褐色粘土土質粉砂 3.42m	ML-CL	0	25.4	74.6	2.72	30.5	1.74	1.48	28.7	23.2	5.5	--	1.7	--
S-3	4 / 5	2	灰褐色粘土質粉砂夾蝶層	ML	0	29.6	70.4	2.72	26.0	1.81	0.91	--	NP	--	--	5.3	--
S-4	6	3		ML	0	34.1	65.9	2.72	29.3	1.83	0.92	--	NP	--	--	5.6	--
S-5	7 / 8	3	7.85m	ML	0	37.6	62.4	2.27	27.9	1.82	0.91	--	NP	--	--	5.5	--
S-6	9	4	灰褐色粘土質粉砂或粉粉砂質粘土 10.32m	CL	0	13.9	86.1	2.73	30.0	1.86	0.91	30.5	22.7	7.8	--	6.9	--
S-7	10 / 11	14	棕灰色粉土質中細砂	SM	0	62.5	37.5	2.71	23.0	2.07	0.61	--	NP	--	--	16.4	31.0
S-8	12	12	12.69m	SM	0	58.7	41.3	2.71	23.2	2.05	0.63	--	NP	--	--	13.3	30.4
S-9	13 / 14	14	灰褐色粉土質中細砂	SM	0	70.3	29.7	2.70	22.7	2.11	0.57	--	NP	--	--	16.1	30.9
S-10	14	14	15.00m	SM	0	73.5	26.5	2.70	22.5	2.13	0.55	--	NP	--	--	15.9	30.9

（106 結技-土壤力學與基礎設計#4）

參考題解

（一）鋼鈑樁打樁時會產生振動及噪音，鄰近如有液化潛能高之土層，亦有可能液化損鄰。
　　　N 值越高，通常土層越堅硬或越緊密，鋼鈑樁較難貫入，需使用較大能量，對鄰近區域產生較大震動，而貫入深度越深所需能量亦較大。另 N 值較小之砂性土壤，如鬆砂，孔隙比較大，如又遇地下水位高時，可能因打樁震動而產生液化。

鋼鈑樁施工時採用油壓機具以靜壓式貫入，可降低振動及噪音。液化潛能高之鄰近土層，可採先行地質改良、降低地下水位等方式，避免施工時產生液化，另使用鋼鈑樁可能引起之沉陷量（差異沉陷量）亦應納入考量。

（二）假設水頭差沿擋土壁緣之流線均勻損失，假設開挖外側地下水位在 GL-1m，開挖內側地下水位在開挖底面上（GL-8m）

臨界水力坡降 $i_c = \gamma_{sub}/\gamma_w = (1.86-1)/1 = 0.86$

水力坡降 $i = \Delta H/L = 7/(7+6+6) = 0.368$

$FS = 0.86/0.368 = 2.34$

（三）1. 預定開挖深度 GL-8m，位於 CL 黏土層上，其下一層土層為 SM 粉土質中細砂，設計地下水位在 GL-1.0 m 為施工考量，假設開挖後，坑內水位降至開挖底面（GL-8m），另假設 SM 土層之水頭維持在 GL-1.0 m 上，上舉安全係數 $FS = \sum \gamma_{ti}h_i/U_w$

$FS = (10.32-8) \times 1.86/(10.32-1) \times 1 = 0.463$

2. 考量施工，假設坑內水位維持在開挖底面上 GL-8m，為防止上舉破壞，需降低黏土層下砂土層之水頭（水位）

$FS = \sum \gamma_{ti}h_i/U_w$，$FS = 2$

$2 = (10.32-8) \times 1.86/(h_w \times 1)$，得 $h_w = 2.16m$

基坑內下砂土層之地下水位（水頭）需降至 GL-8.16m 下

（四）假設開挖底面隆起滑動弧如圖

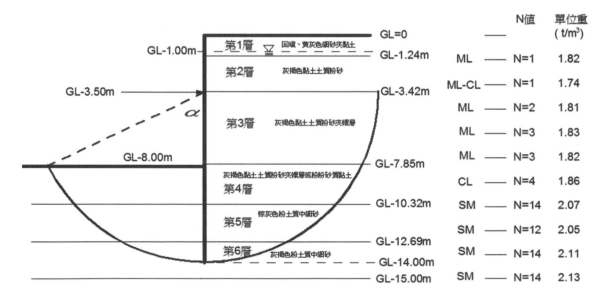

		N值	單位重 （t/m³）
第1層	回填、黃灰色細砂夾黏土	—	
第2層	灰褐色黏土土質粉砂	ML — N=1	1.82
		ML-CL — N=1	1.74
第3層	灰褐色黏土土質粉砂夾螺層	ML — N=2	1.81
		ML — N=3	1.83
		ML — N=3	1.82
第4層	灰褐色黏土土質粉砂夾螺層或粉粉砂質黏土	CL — N=4	1.86
第5層	棕灰色粉土質中細砂	SM — N=14	2.07
		SM — N=12	2.05
第6層	灰褐色粉土質中細砂	SM — N=14	2.11
		SM — N=14	2.13

滑動弧半徑 $R = (14 - 3.5) = 10.5$

$\alpha = \cos^{-1}((8 - 3.5)/10.5) = 64.62° = 1.128\,rad$

不排水剪力強度 $S_u = 10N/16$，因滑動弧通過不同土層，以通過土層之加權平均 N 值計算 S_u（滑動面為弧面，以弧所佔角度為權重計算），各土層之 N 值以各該層鑽探報告之資料取平均值，各層 N 值計算如下：

第 3 層 $N = (2+3+3)/3 = 2.67$；第 4 層 $N = 4$；

第 5 層 $N = (12+14)/2 = 13$；第 6 層 $N = 14$；

$$N_{avg} = \frac{24 \times 2.67 + 16 \times 4 + 21 \times 13 + 29 \times 14 \times 2 + 21 \times 13 + 15 \times 14}{24 + 16 + 21 + 29 + 29 + 21 + 15} = 10.94$$

得 $S_u = 6.84\,tf/m^2$

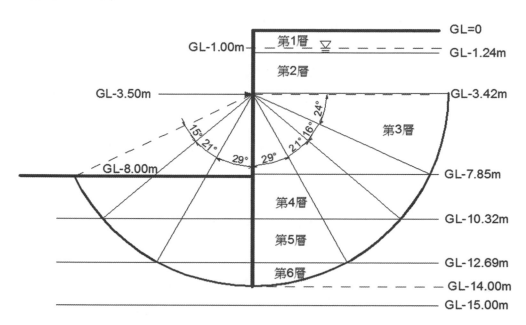

各土層單位重（單位 t/m^3）：

設第 1 層 $\gamma_1 = 1.82$（設水位上下相同）；

第 2 層 $\gamma_2 = (1.82 + 1.74)/2 = 1.78$；

第 3 層 $\gamma_3 = (1.81 + 1.83 + 1.82)/3 = 1.82$；

第 4 層 $\gamma_4 = 1.86$；

$\gamma H + q = 1.24 \times 1.82 + (3.42 - 1.24) \times 1.78 + (7.85 - 3.42) \times 1.82 + (8 - 7.85) \times 1.86 + 1$

$\qquad = 15.48\,tf/m^2$

隆起安全係數 $FS = \dfrac{S_u \times (\pi + 2\alpha)}{\gamma H + q} = \dfrac{6.84 \times (\pi + 2 \times 1.128)}{15.48} = 2.38$

三、回答下列開挖支撐（Braced cut）相關問題：

（一）說明為何進行支撐開挖側向土壓力多以 Peck（1969）視側壓力分布圖估算側向土壓力而非主動與靜止側向土壓力。（15 分）

（二）以 Terzaghi 理論推導當開挖底部黏土層厚度大於開挖寬度 B 且開挖長度遠大於寬度時，其抗隆起安全係數。（10 分）

（107 高考－土壤力學#4）

參考題解

（一）依建築物基礎構造設計規範說明，內撐式支撐設施通常在分層開挖後逐層架設支撐，因而擋土設施之側向變位亦隨開挖之進行而逐漸增加，但擋土設施所受之側向壓力，同時受牆背之土層特性、支撐預力、開挖程序與快慢、支撐架設時程等諸因素影響，使牆背之側向土壓力呈不規則分佈，而與一般擋土牆設計採用之主動土壓力，有明顯之不同，亦與靜止側向土壓力明顯不同。

（二）Terzaghi 之隆起檢核係以開挖面底面為新承載面（類似基礎面下土壤），當堅硬底層距開挖底部 $D > B/\sqrt{2}$，滑動弧可完全發展，隆起發生於擋土壁外寬度 $B_1 = B/\sqrt{2}$ 處，其向下隆起驅動力（類似基礎面上外加負載）與新承載面承壓能力比例（力量比例）為安全係數。設開挖深度 H，地面外加負載 q，開挖面上土壤單位重 γ、不排水剪力強度 c_{u1}，開挖面底下不排水剪力強度 c_u

依 Terzaghi 承載力理論，條狀基礎淨承載力 $q_{net} = cN_c + q(N_q - 1) + \frac{1}{2}B\gamma N_\gamma$

黏土層，$N_q = 1$，$N_\gamma = 0$，$N_c = 5.7$，$q_{net} = c_u N_c$

承壓能力：$c_u N_c B_1$

隆起驅動力：$qB_1 + \gamma H B_1 - c_{u1}H$

得隆起安全係數 $FS = \dfrac{5.7 c_u B_1}{qB_1 + \gamma H B_1 - c_{u1}H} \geq 1.5$

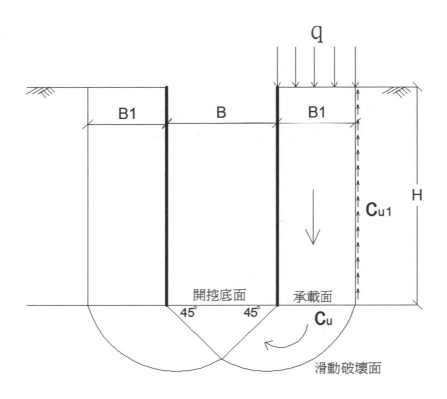

四、某一懸臂式擋土牆如下圖所示，牆高 H＝7.5 m，背填土傾角 α＝12°。土壤性質：單位
重 γ_1＝17.8 kN/m³、有效內摩擦角 ϕ_1＝32°、有效凝聚力 c_1＝0 kN/m²、單位重 γ_2＝16.6
kN/m³、有效內摩擦角 ϕ_2＝28°、有效凝聚力 c_2＝30 kN/m²。假設混凝土單位重 γ_c＝23.55
kN/m³，被動土壓合力 P_p＝0 kN/m，基礎底面之介面有效內摩擦角及有效凝聚力折減
係數 k_1＝k_2＝2/3。依據藍金（Rankine）土壓力理論，請計算此擋土牆的：

（一）抗傾覆安全係數。（13 分）

（二）抗滑移安全係數。（12 分）

$$K_a = \cos\alpha \frac{\cos\alpha - \sqrt{\cos^2\alpha - \cos^2\phi'}}{\cos\alpha + \sqrt{\cos^2\alpha - \cos^2\phi'}}$$

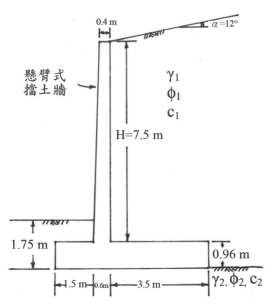

（107 結技-土壤力學與基礎設計#4）

參考題解

背填土傾斜，依據 Rankine 土壓力理論

土壓力係數 $K_a = \cos\alpha \dfrac{\cos\alpha - \sqrt{\cos^2\alpha - \cos^2\phi'}}{\cos\alpha + \sqrt{\cos^2\alpha - \cos^2\phi'}} = \cos12 \dfrac{\cos12 - \sqrt{\cos^2 12 - \cos^2 32}}{\cos12 + \sqrt{\cos^2 12 - \cos^2 32}} = 0.328$

牆高 $H_0 = 0.96 + 7.5 + 3.5 sin12 = 9.19m$（如下圖所示）

單位長度主動土壓力 $P_a = \dfrac{1}{2}\gamma_1 H_0^2 K_a = \dfrac{1}{2} \times 17.8 \times 9.19^2 \times 0.328 = 246.54\, kN/m$

作用位置牆高處 $\dfrac{1}{3}H_0 = \dfrac{1}{3}(0.96 + 7.5 + 0.73) = 3.06$m，與背填土傾角（12°）相同，如下圖

主動土壓力水平分量：$P_h = P_a \cos\alpha = 246.54 \times \cos 12 = 241.15\,kN/m$，$\bar{y} = 3.06m$

主動土壓力垂直分量：$P_v = P_a \sin\alpha = 246.54 \times \sin 12 = 51.26\,kN/m$，$\bar{x} = 5.6m$

單位長度重量(kN/m)與作用點對 A 點的力臂(m)

$W_1 = 0.2 \times 7.5 \times 0.5 \times 23.55 = 17.66$，$\overline{x_1} = 1.5 + 0.2 \times 2/3 = 1.63$

$W_2 = 0.4 \times 7.5 \times 23.55 = 70.65$，$\overline{x_2} = 1.5 + 0.2 + 0.5 \times 0.4 = 1.9$

$W_3 = 3.5 \times 0.73 \times 0.5 \times 17.8 = 22.74$，$\overline{x_3} = 1.5 + 0.6 + 3.5 \times 2/3 = 4.43$

$W_4 = 3.5 \times 7.5 \times 17.8 = 467.25$，$\overline{x_4} = 1.5 + 0.6 + 3.5 \times 1/2 = 3.85$

$W_5 = 5.6 \times 0.96 \times 23.55 = 126.60$，$\overline{x_5} = (1.5 + 0.6 + 3.5) \times 1/2 = 2.8$

$W_6 \approx (1.75 - 0.96) \times 1.5 \times 17.8 = 21.09$，$\overline{x_6} \approx 1.5 \times 1/2 = 0.75$

編號	單位長度重量(kN/m)	作用點對 A 點的力臂(m)	力矩(kN − m/m)
1	17.66	1.63	28.79
2	70.65	1.9	134.24
3	22.74	4.43	100.74
4	467.25	3.85	1798.91
5	126.60	2.8	354.48
6	21.09	0.75	15.82

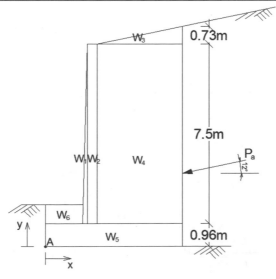

單位長度重量總和 $\sum W_i = 725.99\,kN/m$

力矩合 $\sum M_r = 2432.98\,kN - m/m$

（一）抗傾覆安全係數 $FS = \dfrac{\text{對 A 點抵抗力矩}}{\text{對 A 點傾覆力矩}} = \dfrac{2432.98 + 51.26 \times 5.6}{241.15 \times 3.06} = 3.69$

（二）抗滑移安全係數 $FS = \dfrac{\text{作用於牆前被動土壓} + \text{牆底摩擦力}}{\text{牆背側壓力}} = \dfrac{P_p + W\tan\delta + cL}{P_h}$

被動土壓合力 $P_p = 0 \; kN/m^2$，

基礎底面之介面有效內摩擦角及有效凝聚力折減係數 $k_1 = k_2 = 2/3$

得　$FS = \dfrac{725.99 \times \tan(2/3 \times 28) + (2/3) \times 30 \times 5.6}{241.15} = 1.48$

五、如下圖之均質有限邊坡與土壤參數，邊坡角度 $\beta = 70°$，假設破壞滑動面為通過坡趾之平面，試回答下列問題：

（一）破壞面之臨界破壞角 θ_{cr}。（5 分）

（二）最大臨界坡高 H_{cr}。（10 分）

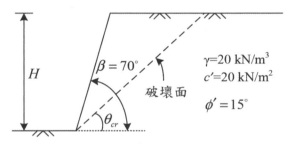

$\gamma = 20 \; kN/m^3$
$c' = 20 \; kN/m^2$
$\phi' = 15°$

（107 三等-土壤力學與基礎工程#3）

參考題解

（一）臨界破壞角 $\theta_{cr} = \dfrac{\beta + \phi'}{2} = \dfrac{70 + 15}{2} = 42.5°$

（二）如圖，$a = \dfrac{H}{\cos(90 - 70)} = 1.064H$

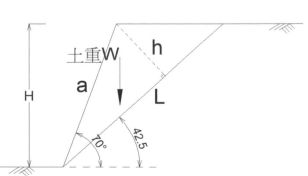

$h = a\sin(\beta - \theta_{cr}) = a\sin 27.5$

得 $h = 0.491H$

由圖，$L = \dfrac{H}{\sin\theta_{cr}} = \dfrac{H}{\sin 42.5} = 1.48H$

取單位寬度分析，

破壞滑動土重 $W = \dfrac{1}{2}Lh\gamma = \dfrac{1}{2} \times 1.48H \times 0.491H \times 20 = 7.267H^2 \; kN/m$

下滑力 $F_d = W\sin\theta_{cr} = 7.267H^2 \times \sin42.5 = 4.91H^2$

最大抵抗滑動力 $F_r = W\cos\theta_{cr}\tan\phi' + cL = 7.267H^2\cos42.5\tan15 + 20 \times 1.48H$

$$= 1.436H^2 + 29.6H$$

安全係數 $FS = \dfrac{F_r}{F_d}$，當 $FS = 1$，為最大臨界坡高 H_{cr}，$\dfrac{1.436H_{cr}^2 + 29.6H_{cr}}{4.91H_{cr}^2} = 1$

得　$H_{cr} = 8.52m$

六、試繪圖說明檢核擋土牆穩定性之四種破壞模式？（10分），若擋土牆穩定性不足，在設計上有那些方法可改善？（10分）

（107 三等–土壤力學與基礎工程#4）

參考題解

擋土牆穩定性檢核4種破壞模式：

（一）牆體滑動：擋土牆底部水平抵抗力不足以抵抗牆背土體水平側向壓力時，造成擋土牆被向外推出破壞。

（二）牆體傾覆：擋土牆抗傾覆之穩定力矩不足抵抗驅使傾覆力矩時，造成擋土牆對牆趾產生傾覆破壞。

（三）基礎容許支承力：擋土牆基底下方土壤過於疏鬆、軟弱，致承載力不足或者沉陷量過大產生破壞。

（四）整體穩定性：擋土牆所在之邊坡或承載土層存在軟弱土層，而產生一整體性之滑動破壞。

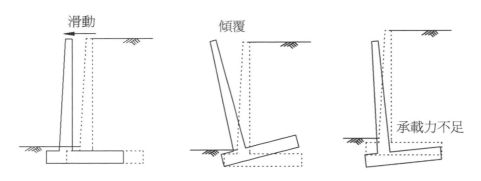

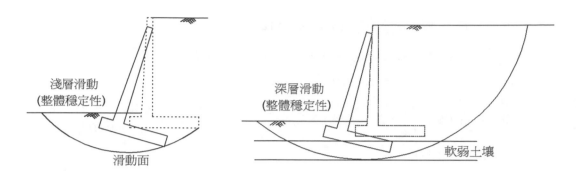

針對擋土牆穩定性不足問題，在設計上可改善方式：

（一）降低側向土壓力：降低主動土壓力，如針對牆背土壤進行改良或置換，擋土牆上方邊坡進行整坡，削坡減重、降低邊坡高度等。

（二）降低水壓力：加強排水措施，如牆頂增設截水溝截流、坡面整平、裂縫填補、保護坡面與植生，減少水入滲，或改善牆背透水材料及增設洩水孔、排水管引導水流降低水壓等。

（三）增加側向抵抗力：增加擋土牆厚度及重量、擋土牆基底設置止滑樺或樁、打設地錨、設置抗滑樁。

（四）改善土壤工程性質：擋土牆基礎土壤改良主要考量可減少沉陷量及提高承載力，如灌漿工法、土壤加勁工法；牆背後土壤改良主要考量為降低側向土壓力，改善排水，增強剪力強度，避免滑動破壞。

（五）變更基礎形式：如針對穩定性不足問題設置基樁，垂直承重基樁可改善沉陷量與增加承載力，側向承重基樁抗側移等。針對邊坡有潛在滑動面之整體不穩定，可設置地錨、抗滑樁等。

七、如下圖所示，有一連續壁將構築在土層中，土層其單位重 γ = 18kN/m³（地下水位以上和以下都是相同此單位重），剪力強度參數 c'= 0，ϕ'= 34°。這溝槽深度 H = 3.50m，穩定液的深度為 h1 = 3.35m，地下水位在溝漕底面以上 h2 = 1.85m。若穩定液側壓力 P 會抵抗潛在滑動楔形土塊 W，以保持壁體安全。潛在滑動面與水平面角 α = 45+ϕ'/2。

（一）當安全係數採用 2 時，試計算穩定液單位重 γ_s 及滑動面上之正力 N 各為多少？（15 分）（二）當安全係數採用 1 時，試計算穩定液單位重 γ_s 及滑動面上之正力 N 各為多少？（10 分）

提示：$P + T*\cos\alpha - N*\sin\alpha = 0$　　　　(1)

$W - T*\sin\alpha - N*\cos\alpha = 0$　　　　(2)

$P = 1/2*\gamma_s*h1^2$　　　　　　$T = (N-U)*\tan\phi'$

$U = 1/2*\gamma_w*h2^2/\sin\alpha$　　　　$\phi'_m = \tan^{-1}(\tan\phi'/FS)$

　　　　　　　　　　　　　$T = (N-U)*\tan\phi'$

　　　　　　　　　　　　　$\phi'_m = \tan^{-1}(\tan\phi'/FS)$

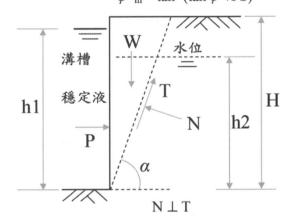

（108 高考-土壤力學#2）

參考題解

（一）依題目提示，定義安全係數 $FS = \dfrac{\tan\phi'}{\tan\phi'_m}$，$\phi'_m$ 為滑動面發揮之摩擦角

　　當 FS = 2，得　$\phi'_m = \tan^{-1}\left(\dfrac{\tan\phi'}{FS}\right) = \tan^{-1}\left(\dfrac{\tan 34}{2}\right) = 18.64°$

　　$\alpha = 45 + \dfrac{\phi'_m}{2} = 54.32°$

　　取單位寬（1m）分析，

　　滑動楔形土塊重 $W = \dfrac{1}{2}\gamma\dfrac{H^2}{\tan\alpha} = \dfrac{1}{2}\times 18\times\dfrac{3.5^2}{\tan 54.32}\times 1 = 79.16\text{kN}$

穩定液側壓力 $P = \frac{1}{2}\gamma_s h1^2 = \frac{1}{2}\gamma_s 3.35^2 \times 1 = 5.61\gamma_s$

滑動面上水壓力（和 N 同向）$U = \frac{1}{2}\gamma_w \frac{h2^2}{\sin\alpha} = \frac{1}{2} \times 9.8 \times \frac{1.85^2}{\sin 54.32} \times 1 = 20.65\text{kN}$

滑動面上發揮之抗滑動力 $T = (N - U)\tan\phi'_m = (N - 20.65)\tan 18.64$

水平力平衡 $P + T\cos\alpha - N\sin\alpha = 0$，

$\qquad P + (N - 20.65)\tan 18.64 \times \cos 54.32 - N\sin 54.32 = 0$

垂直力平衡 $W - T\sin\alpha - N\cos\alpha = 0$

$\qquad 79.16 - (N - 20.65)\tan 18.64 \times \sin 54.32 - N\cos 54.32 = 0$

得滑動面上之正向力（單位寬度）$N = 98.97\text{kN}$

穩定液側壓力（單位寬度）$P = 65.02 = 5.61\gamma_s$

得穩定液單位重 $\gamma_s = 11.59\ \text{kN/m}^3$

（二）當 FS = 1，得 $\phi'_m = \phi' = 34°$

$\qquad \alpha = 45 + \frac{\phi'}{2} = 62°$

取單位寬（1m）分析，

滑動楔形土塊重 $W = \frac{1}{2}\gamma\frac{H^2}{\tan\alpha} = \frac{1}{2} \times 18 \times \frac{3.5^2}{\tan 62} \times 1 = 58.62\text{kN}$

穩定液側壓力 $P = \frac{1}{2}\gamma_s h1^2 = \frac{1}{2}\gamma_s 3.35^2 \times 1 = 5.61\gamma_s$

滑動面上水壓力（和 N 同向）$U = \frac{1}{2}\gamma_w \frac{h2^2}{\sin\alpha} = \frac{1}{2} \times 9.8 \times \frac{1.85^2}{\sin 62} \times 1 = 18.99\text{kN}$

滑動面上發揮之抗滑動力 $T = (N - U)\tan\phi' = (N - 18.99)\tan 34$

水平力平衡 $P + T\cos\alpha - N\sin\alpha = 0$，

$\qquad P + (N - 18.99)\tan 34 \times \cos 62 - N\sin 62 = 0$

垂直力平衡 $W - T\sin\alpha - N\cos\alpha = 0$

$\qquad 58.62 - (N - 18.99)\tan 34 \times \sin 62 - N\cos 62 = 0$

得滑動面上之正向力（單位寬度）$N = 65.66\text{kN}$

穩定液側壓力（單位寬度）$P = 43.18 = 5.61\gamma_s$

得穩定液單位重 $\gamma_s = 7.70\ \text{kN/m}^3$

八、某擋土牆如下圖所示，背填土坡度角 α，土壤單位重 γ，土壤凝聚力與摩擦角分別為 c
與 φ，牆背與鉛直線夾 θ 角，土壤與牆面間的凝聚力與摩擦角分別為 ca 與 δ。考慮張
力裂縫（線段 DE 與 BF），但縫內無水，並假設主動狀態之破壞面（線段 AB）與水
平線夾 β 角。

（一）試求張力裂縫的最大深度 Zt。（5 分）

（二）畫出以庫倫（Coulomb）法求解主動狀態時作用於破壞土楔的力多邊形。答案需
描述各已知力的計算及各力與水平或鉛直線的夾角。（15 分）

（三）如何求得作用於牆背的主動推力。（5 分）

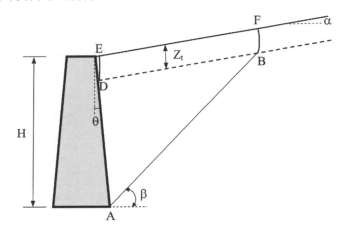

（108 結技–土壤力學與基礎設計#4）

參考題解

題型解析 難易程度	偏難、少見之擋土牆穩定分析題型
108 講義出處	基礎工程第 1 章 1-3-4 節、1-4-2 節觀念應用

（一）張力裂縫深度 $Z_t = \dfrac{2c}{\gamma'\sqrt{K_a}}$ ....Ans.

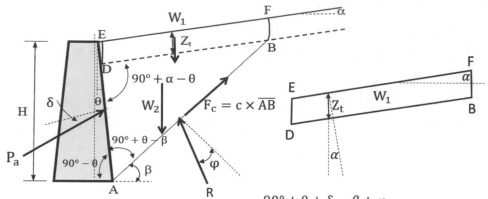

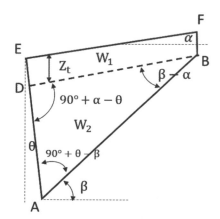

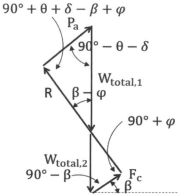

$W_{total}= W_{total,1} + W_{total,2} = W_1 + W_2$

$$其中\ K_a = \cos\alpha\frac{\cos\alpha - \sqrt{\cos^2\alpha - \cos^2\varphi}}{\cos\alpha + \sqrt{\cos^2\alpha - \cos^2\varphi}}$$

（二）庫倫（Coulomb）法求解主動狀態時各作用力之位置與方向如下：

1. 如上圖，已知張力裂縫深度 $Z_t = \dfrac{2c}{\gamma'\sqrt{K_a}}$ $\Rightarrow \overline{AD} = (H - Z_t)$

2. 利用三角正弦定律，可分別再解得 $\overline{AB}$、$\overline{BD}$

$$\Rightarrow \frac{\overline{AD}}{\sin(\beta - \alpha)} = \frac{\overline{AB}}{\sin(90° + \alpha - \theta)} = \frac{\overline{BD}}{\sin(90° + \theta - \beta)}$$

3. 再利用 Heron 公式

$$A_2 = \sqrt{s(s - \overline{AD})(s - \overline{AB})(s - \overline{BD})} \quad , \quad 其中\ s = \frac{\overline{AD} + \overline{AB} + \overline{BD}}{2}$$

$$\Rightarrow 可得\ W_2 = \gamma \times A_2$$

另 $W_1 = \gamma \times A_1 = \gamma \times \overline{BD} \times Z_t \cos\alpha$

$\Rightarrow$ 此時可得 $W_{total} = W_1 + W_2$

4. 利用力的向量平衡計算各分力

$F_c = c \times \overline{AB}$

R為正向力N 與 $N \times \tan\varphi$的合力

$W_{total} = W_{total,1} + W_{total,2} = W_1 + W_2$

利用三角正弦定律

$$\frac{F_c}{\sin(\beta - \varphi)} = \frac{W_{total,2}}{\sin(90° + \varphi)}$$

$$\Rightarrow W_{total,2} = F_c \frac{\sin(90° + \varphi)}{\sin(\beta - \varphi)} = c \times \overline{AB} \times \frac{\sin(90° + \varphi)}{\sin(\beta - \varphi)}$$

$$\Rightarrow W_{total,1} = W_{total} - W_{total,2} = W_1 + W_2 - W_{total,2}$$

5. 再利用三角正弦定律

$$\frac{P_a}{\sin(\beta - \varphi)} = \frac{W_{total,1}}{\sin(90° + \theta + \delta - \beta + \varphi)}$$

$$\Rightarrow 庫倫主動土壓力 P_a = \frac{W_{total,1} \times \sin(\beta - \varphi)}{\sin(90° + \theta + \delta - \beta + \varphi)} \ldots\ldots\ldots\ldots \text{Ans.}$$

（三）滑動面與水平面所夾的 β 角變動的，不同的 β，會產生不同的 P_a：

$$\Rightarrow \frac{dP_a}{d\beta} = 0 \Rightarrow P_a = P_{max} = \frac{1}{2}\gamma H^2 K_a，其中 K_a 為 f(\theta, \delta, \varphi, \alpha)$$

九、有一懸臂式擋土牆如圖所示，牆背回填土壤之單位重 $\gamma = 16\,kN/m^3$，摩擦角 $\varphi' = 22°$。牆前土壤之單位重 $\gamma = 16\,kN/m^3$，摩擦角 $\varphi' = 30°$，地下水位遠低於擋土牆底部。請以 Rankine 土壓力理論計算：（20 分）

（一）此牆抗傾倒之安全係數。

（二）若牆底與土壤之摩擦角為土壤之2/3，此牆抗滑動之安全係數。

（三）由於擋土牆之排水孔失效，導致牆後地下水上升，土壤飽和單位重 $\gamma_{sat} = 19.5\,kN/m^3$。請問當地下水上升至距離牆背地表多少深度時將發生滑移破壞（假設牆底抗滑力同（二）題之結果）？

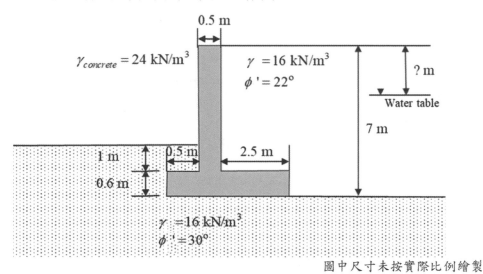

圖中尺寸未按實際比例繪製

（109 土技-大地工程學#2）

參考題解

題型解析	屬擋土牆穩定分析之中等應用題型
難易程度	計算量頗大、小心計算即可得分
講義出處	109（一貫班）基礎工程例題 5-5（P.189）、例題 5-7（P.194）、例題 5-8（P.197）、例題 5-16（P.214）

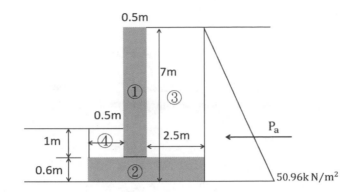

依題意，因擋土牆未設剪力榫，按建築物基礎構造設計規範解說之規定，牆前被動土壓可不計，**故以下計算忽略牆前被動土壓力之貢獻，但不忽略牆前覆土壓力。**

$$K_a = \tan^2\left(45° - \frac{\varphi'}{2}\right) = \tan^2\left(45° - \frac{22°}{2}\right) = 0.455$$

擋土牆右側主動土壓力計算：

$$\gamma z K_a = 16 \times 7 \times 0.455 = 50.96 \text{kN/m}^2$$

$$P_a = \frac{1}{2} \times 50.96 \times 7 = 178.36 \text{kN/m}$$

編號	面積m²	重量W(kN/m)	力臂m(O 點)	力矩kN·m/m
①	$0.5 \times 6.4 = 3.2$	$24 \times 3.2 = 76.8$	0.75	57.6
②	$0.6 \times 3.5 = 2.1$	$24 \times 2.1 = 50.4$	1.75	88.2
③	$2.5 \times 6.4 = 16$	$16 \times 16 = 256$	2.25	576
④	$0.5 \times 1 = 0.5$	$16 \times 0.5 = 8$	0.25	2
	$V = \sum W$	391.2	$\sum M_r$	723.8

（一）擋土牆抗傾倒之安全係數FS：

$$\sum M_d = P_a \times \bar{y} = 178.36 \times \frac{7}{3} = 416.17 \text{kN} \cdot \text{m/m}$$

$$FS = \frac{\sum M_r}{\sum M_d} = \frac{723.8}{416.17} = 1.74 < \text{規範 } 2.0 \Rightarrow \text{N.G.} \cdots\cdots\cdots \text{Ans.}$$

（二）擋土牆抗滑動之安全係數：

擋土牆下方摩擦阻抗力 $F_r = c_a L + N \tan\delta$

其中取 $c_a = \frac{2}{3} c' = 0 \text{kN/m}^2$，$\delta = \frac{2}{3}\varphi' = 20°$

擋土牆抗滑動之安全係數 $FS = F_r/P_a$

$$= \frac{0 \times 3.5 + 391.2 \times \tan 20°}{178.36} = 0.80 < \text{規範 } 1.5 \Rightarrow N.\,G. \cdots\cdots\cdots Ans.$$

（三）依第（二）小題之計算，地下水位尚未上升前即已產生滑動破壞，所以不管地下水位
上升到何深度（上升）只會讓擋土牆下方摩擦阻抗力變得更小，故無需再繼續分析。

十、 某共同管溝工程採用明挖覆蓋工法，基地地層主要層為砂土，如下圖所示。開挖
深度為 4 m，設計長度 10 m 之懸臂式版椿作為開挖之擋土設施。請繪製作用於版
椿兩側之土壓力隨深度變化圖及淨水壓力隨深度變化圖，並在相關深度標示數值？
請以簡化法（以土壓力對 O 點之力矩值）估算此擋土壁之破壞安全係數？請估算此
開挖擋土設施之抗砂湧安全係數，並請依據「建築物基礎構造設計規範」之規定說明
此項安全係數是否符合規範需求？（25 分）

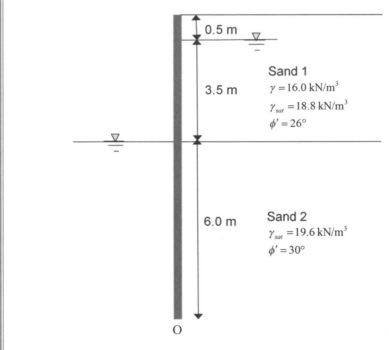

（109 結技-土壤力學與基礎設計#2）

參考題解

題型解析	屬貫入板椿安全穩定分析題型、結合規範進行砂湧安全分析（時事新聞題）
難易程度	雖已簡化但仍屬中等偏難、計算量多之題型
講義出處	109 基礎工程第 2 章及其例題類似題 109 基礎工程 7.4（P.307）、類似例題 7-12（P.326）

（一）題意指名用簡化法（以土壓力對 O 點的力矩值），推測應非指「自由土壤支撐法」，在此設定簡化法意指版樁之轉點為 O 點，牆前之開挖面僅存在被動土壓力，牆後僅存在主動土壓力。另兩側水壓存在高差，在牆底達到平衡。

砂土 1 層 $K_{a,1} = \tan^2\left(45° - \dfrac{\varphi}{2}\right) = \tan^2\left(45° - \dfrac{26°}{2}\right) = 0.39$

砂土 2 層 $K_{a,2} = \tan^2\left(45° - \dfrac{\varphi}{2}\right) = \tan^2\left(45° - \dfrac{30°}{2}\right) = \dfrac{1}{3}$

砂土 2 層 $K_{p,2} = \tan^2\left(45° + \dfrac{\varphi}{2}\right) = \tan^2\left(45° + \dfrac{30°}{2}\right) = 3$

Rankine 被動主壓應力σ_p：

$\sigma_p = (19.6 - 9.81) \times 6 \times 3 = 176.22 \ kN/m^2$

Rankine 被動主壓力P_p：

$P_p = \dfrac{1}{2}(19.6 - 9.81) \times 6^2 \times 3 = 528.66 \ kN/m$

Rankine 主動土壓應力σ_a：

$z = 0\sim0.5m：\sigma_{a,1} = 16 \times 0.5 \times 0.39 = 3.12 \ kN/m^2$

$z = 0.5\sim4.0m$（上）：

$\sigma_{a,2\,上} = 16 \times 0.5 \times 0.39 + (18.8 - 9.81) \times 3.5 \times 0.39$
$= 3.12 + 12.27 = 15.39 \ kN/m^2$

$z = 4.0m$（下）：

$\sigma_{a,2\,下} = 16 \times 0.5 \times \dfrac{1}{3} + (18.8 - 9.81) \times 3.5 \times \dfrac{1}{3}$
$= 2.67 + 10.49 = 13.16 \ kN/m^2$

$z = 4.0m$（下）$\sim10.0m$：

$\sigma_{a,3} = 13.16 + (19.6 - 9.81) \times 6 \times \dfrac{1}{3} = 13.16 + 19.58 = 32.74 kN/m^2$

Rankine 主動土壓力P_a：

$P_1 = \dfrac{1}{2}16 \times 0.5^2 \times 0.39 = 0.78 \ kN/m$

$P_2 = 16 \times 0.5 \times 0.39 \times 3.5 = 10.92 \ kN/m$

$P_3 = \dfrac{1}{2}(18.8 - 9.81) \times 3.5^2 \times 0.39 = 21.47 \ kN/m$

$$P_4 = [16 \times 0.5 + (18.8 - 9.81) \times 3.5] \times 0.333 \times 6 = 78.92 \ kN/m$$

$$P_5 = \frac{1}{2}(19.6 - 9.81) \times 6^2 \times 0.333 = 58.68 \ kN/m$$

牆後水壓力分布：

$$u_w = 9.81 \times 3.5 = 34.335 kN/m^2$$

牆後水壓力計算：

$$P_{w,1} = \frac{1}{2} 9.81 \times 3.5^2 = 60.09 \ kN/m$$

$$P_{w,2} = \frac{1}{2} 9.81 \times 3.5 \times 6 = 103.01 \ kN/m$$

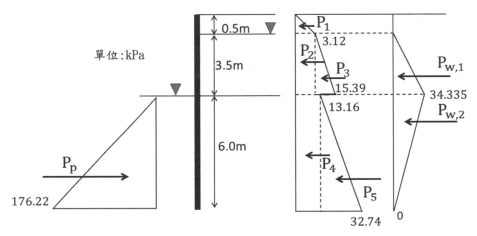

計算 $\sum M_d = P_1 \times \left(\frac{0.5}{3} + 9.5\right) + P_2 \times \left(\frac{3.5}{2} + 6\right) + P_3 \times \left(\frac{3.5}{3} + 6\right) + P_4 \times 3$

$$+ \ P_5 \times \frac{6}{3} + P_{w,1} \times \left(\frac{3.5}{3} + 6\right) + P_{w,2} \times \left(\frac{2 \times 6}{3}\right)$$

$$= 7.54 + 84.63 + 153.87 + 236.76 + 117.36 + 430.64 + 412.04$$

$$= 1442.84 \ kN - m/m$$

計算 $\sum M_r = P_p \times \frac{6}{3} = 1057.32 \quad kN - m/m$

$$FS = \sum M_r / \sum M_d = 1057.32/1442.84 = 0.733 \dots\dots\dots\dots Ans.$$

（二）砂湧（Boiling，Quick Sand）：依建築物基礎構造設計規範（90）規定，以下列兩公式
分別計算之

（1） $FS = \dfrac{2\gamma_{sub} \times D}{\gamma_w \times \Delta H_w} \geq 1.5$

(2) $FS = \dfrac{\gamma_{sub} \times (\Delta H_w + 2D)}{\gamma_w \times \Delta H_w} \geq 2.0$

計算(1)$FS = \dfrac{2\gamma_{sub} \times D}{\gamma_w \times \Delta H_w} = \dfrac{2 \times (19.6 - 9.81) \times 6}{9.81 \times 3.5} = 3.42 \geq 1.5$

計算(2)$FS = \dfrac{\gamma_{sub} \times (\Delta H_w + 2D)}{\gamma_w \times \Delta H_w}$

$= \dfrac{(19.6 - 9.81) \times (3.5 + 2 \times 6)}{9.81 \times 3.5} = 4.42 \geq 2.0$

以上 2 者皆符合規範需求，代表無砂湧之疑慮............*Ans.*

十一、河川護岸工程開挖 3.5m，採用懸臂式擋土牆，設計 9 m 深 FSP III 鋼版樁擋土，施工時地下水降至 GL-5.2 m，如圖所示；基地地質鑽探報告，如表所示。請分析其穩定安全係數 Fs= ?（25 分）

註：1. 土壤主動壓力 $\sigma_a = (r \cdot z + q - u)\tan^2(45 - \dfrac{\phi}{2}) - 2C \cdot \tan(45 - \dfrac{\phi}{2})$

2. 土壤被動土壓力 $\sigma_p = (r \cdot z + q - u)\tan^2(45 + \dfrac{\phi}{2}) + 2C \cdot \tan(45 + \dfrac{\phi}{2})$

3. 護岸上方地表超載重，取 $q = 9.8$ KN/m²

4. 土壤短期強度，請用單軸抗壓強度分析

$q_u = \dfrac{98N_{SPT}}{8}$ (KN/m²) [Terzaghi & Peck (1967)]

5. 可使用土層簡化分析，歸類同一土層其單位重與抗剪強度可平均之，地下水以上土壤單位重為 γ_m、地下水以上土壤單位重為 γ_{sat} 土層分割原則：

粘性土壤	$N_{SPT} \leq 4$	軟弱粘土
	$4 < N_{SPT} \leq 15$	中等硬粘土
	$N_{SPT} > 15$	硬粘土
砂性土壤	$N_{SPT} \leq 10$	鬆砂
	$10 < N_{SPT} \leq 30$	中等砂
	$N_{SPT} > 30$	緊密砂

6. 粘土張力在開挖後會消失，地表 GL0 m，張力取 0。

7. 計算取小數第 3 位，四捨五入。

護岸上方地表超載重，取q=9.8 KN/m²

GL0.0 m

-- 預定開挖面GL-3.5 m

地下水降至GL-5.2 m

設計9 m深
FSP III鋼版樁擋土

-- GL-9.0 m

圖 懸臂式擋土牆

表 C 基地地質鑽探報告

名稱： 新建地質鑽探工程　鑽探深度：106m　孔 號：B 25　鑽探日期：83.4.16 20
地點：高雄市鹽埕區　　　　　地下水位：-5.21m　試驗時間：

鑽 探 部 分				試　　　　驗　　　　部　　　　分													
土樣編號	深度 m	N Bolw/Ft	柱狀圖	地 質 說 明	分類	顆 粒 分 析			比重	自然含水量(%)	當地密度 g/cc	孔隙比 e	液性限度 L.L.	塑性限度 P.L.	塑性指數 P.I.	無圍壓縮強度 T/m²	容許承載力 Qa(T/m²)	內摩擦角 φ
						礫石	砂	細粒										
S-1	1 2	1		回填、黃灰色細砂夾粘土 1.24m	ML	0	22.8	77.2	2.72	27.1	1.82	0.90	--	NP	--	--	5.1 承載力未考慮沉陷因素	--
S-2	3	1		灰褐色粘土土質粉砂 3.42m	ML-CL	0	25.4	74.6	2.72	30.5	1.74	1.48	28.7	23.2	5.5	--	1.7	--
S-3	4 5	2		灰褐色粘土質粉砂夾螺層	ML	0	29.6	70.4	2.72	26.0	1.81	0.91	--	NP	--	--	5.3	--
S-4	6	3			ML	0	34.1	65.9	2.72	29.3	1.83	0.92	--	NP	--	--	5.6	--
S-5	7 8	3		7.85m	ML	0	37.6	62.4	2.27	27.9	1.82	0.91	--	NP	--	--	5.5	--
S-6	9	4		灰褐色粘土質粉砂或粉粉砂質粘土 10.32m	CL	0	13.9	86.1	2.73	30.0	1.86	0.91	30.5	22.7	7.8	--	6.9	--
S-7	10 11	14		棕灰色粘土質中細砂	SM	0	62.5	37.5	2.71	23.0	2.07	0.61	--	NP	--	--	16.4	31.0
S-8	12	12		12.69m	SM	0	58.7	41.3	2.71	23.2	2.05	0.63	--	NP	--	--	13.3	30.4
S-9	13 14	14		灰褐色粘土質中細砂	SM	0	70.3	29.7	2.70	22.7	2.11	0.57	--	NP	--	--	16.1	30.9
S-10		14		15.00m	SM	0	73.5	26.5	2.70	22.5	2.13	0.55	--	NP	--	--	15.9	30.9

（110 高考-土壤力學#3）

參考題解

本解答僅供參考。已知貫入深度，將會面臨無法同時滿足力平衡以及力矩平衡。參數的決定會影響計算結果，但考試時間有限，如何快速合理的決定參數，變成輸贏關鍵之一。另如何決定土壓力分布，則是另一輸贏關鍵。

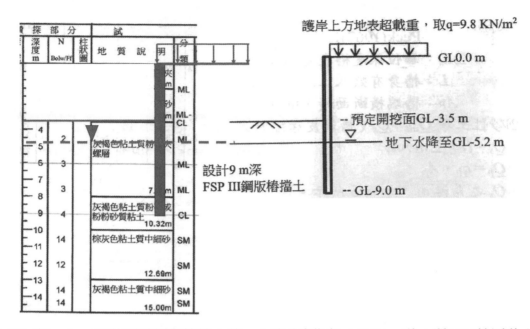

由上圖可知，9 m 深的懸臂鋼鈑樁擋土牆，土壤分布為粉土(ML)、黏土質(CL)等近黏土質土壤，N 質分布為 1~4 不等，依題目所給條件可視為軟弱黏土，則其參數可採平均之。

$$\overline{N}_{spt} = \frac{1 \times 1.5 + 1 \times 1.5 + 2 \times 1.5 + 3 \times 1.5 + 3 \times 1.5 + 4 \times 1.5}{9} = 2.33$$

$$q_u = \frac{98}{8}\overline{N}_{spt} = 28.54 \text{kN/m}^2 \Rightarrow c_u = q_u/2 = 14.27 \text{kN/m}^2（軟弱黏土）$$

貫入深度範圍內，採用設計參數 $G_s = 2.72$，$e = 0.9$，$\omega = 29\%$

$$\gamma_m = \frac{G_s(1 + \omega)}{1 + e}\gamma_w = \frac{2.72(1 + 0.29)}{1 + 0.9}9.81 = 18.12 kN/m^3$$

$$\gamma_{sat} = \frac{G_s + e}{1 + e}\gamma_w = \frac{2.72 + 0.9}{1 + 0.9}9.81 = 18.69 kN/m^3$$

本題使用剪力強度參數為 $c_u = 14.27 \text{kN/m}^2$，$\varphi_u = 0°$（總應力法）

$$K_a = K_p = 1$$
$$\sigma_a = \gamma z K_a - 2c_u\sqrt{K_a} + qK_a$$
$$\sigma_p = \gamma z K_p + 2c_u\sqrt{K_p}$$

板樁右側地表處 $z = 0m$

$$\sigma_a = -2c_u\sqrt{K_a} + qK_a = -2 \times 14.27 + 9.8 = -18.74 kN/m^2$$

板樁右側地表處 $z = 3.5m$

$$\sigma_a = \gamma z - 2c_u + q = 18.12 \times 3.15 - 2 \times 14.27 + 9.8 = 38.34 kN/m^2$$

代表為未開挖前，地表土壤已開裂，依題目條件，開裂後張應力為零

令 $\sigma_a = 0 = \gamma z_{cr} - 2c_u + q$

開裂深度 $z_{cr} = 18.74/18.12 = 1.03m$

開裂後，裂縫深度範圍內拉應力為零，不計入。

開挖面處之土壓力 $\sigma_{3.5m} = 0 + 2c_u - (0 - 2c_u + 38.34) = 4c_u - 38.34$

樁底部之土壓力 $\sigma_{9.0m} = \gamma D + 2c_u + 38.34 - (\gamma D - 2c_u) = 4c_u + 38.34$

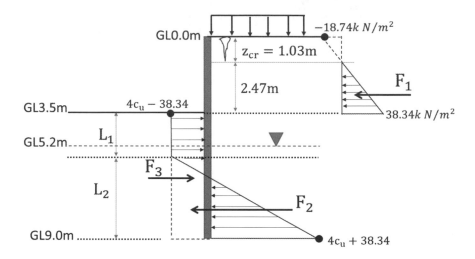

$L_1 + L_2 = 5.5m$

$$\frac{1}{2} \times 38.34 \times 2.47 = (4 \times 14.27 - 38.34) \times L_1$$

$L_1 = 2.53m \qquad L_2 = 2.97m$

$$F_1 = \frac{1}{2} \times 38.34 \times 2.47 = 47.35kN/m$$

$$F_2 = \frac{1}{2} \times 8 \times 14.27 \times 2.97 = 169.53kN/m$$

$F_3 = (4 \times 14.27 - 38.34) \times 5.5 = 103.07kN/m$

$F_3(= 103.07) < F_1 + F_2(= 216.88)$ \qquad N.G.

$$FS = \frac{\sum M_r}{\sum M_d} = \frac{103.07 \times (5.5/2)}{47.35 \times (5.5 + 2.47/3) + 169.53 \times (2.97/3)}$$

$$= \frac{283.44}{299.41 + 167.83} = 0.61 \qquad N.G.$$

十二、有一筏式基礎如圖所示,基礎之設計尺寸為:$B = 8\,m$,$L = 12\,m$,承載荷重 $Q = 12\,MN$,地下水位於地表下 2 m 處。該處地層為厚度 14 m 之正常壓密黏土,土壤飽和單位重 $\gamma_{sat} = 17\,kN/m^3$,不排水剪力強度 $C_u = 40\,kN/m^2$,如採用部分代償式(partially compensated)基礎,且安全係數為 3,則基礎埋置深度 D_f 為何?($F_{cs} = 1 + 0.2(B/L)$,$F_{cd} = 1 + 0.2(D_f/B)$)(25 分)

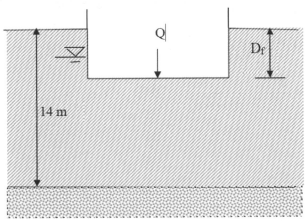

(110 三等-土壤力學與基礎工程#2)

參考題解

假設地下水以上之單位重 $\gamma_m = 17\ kN/m^3$

構造物施加荷重為 $Q = 12MN$,構造物為 $8\,m \times 12\,m$

筏基基礎接觸總應力增量 $\Delta q = q_a = \dfrac{Q}{A} - \gamma D_f$

$$= \frac{12 \times 1000}{8 \times 12} - (17 \times D_f) = (125 - 17D_f)\text{kPa}$$

依題意使用 Skempton 建議的 N_c(黏土:$N_q = 1.0$,$N_\gamma = 0$),$c_u = 40kPa$

$$N_c = 5F_{sc}\ F_{dc} = 5 \times \left[1 + 0.2\left(\frac{B}{L}\right)\right] \times \left[1 + 0.2\left(\frac{D_f}{B}\right)\right]$$

$$q_{net} = c_u N_c = 5c_u F_{sc}\ F_{dc} = 5c_u \left[1 + 0.2\left(\frac{B}{L}\right)\right] \times \left[1 + 0.2\left(\frac{D_f}{B}\right)\right]$$

$$= 5 \times 40 \times \left(1 + 0.2 \times \frac{8}{12}\right)\left(1 + 0.2 \times \frac{D_f}{8}\right) = (226.67 + 5.67D_f)\text{kPa}$$

$$FS = \frac{q_{net}}{q_a} \Rightarrow 3 = \frac{226.67 + 5.67D_f}{125 - 17D_f} \Rightarrow D_f = 2.62m\ldots\ldots\ldots\ldots\text{Ans.}$$

【另解】

使用 Meyerhoff (1953) 有效面積法（Effective Area Method）

$$q_u = cN_cF_{cs}F_{cd}F_{ci} + qN_qF_{qs}F_{qd}F_{qi} + \frac{1}{2}\gamma B'N_\gamma F_{\gamma s}F_{\gamma d}F_{\gamma i}$$

$$= cN_cF_{cs}F_{cd}F_{ci} + q$$

$$q_{net} = q_u - q = cN_cF_{cs}F_{cd}F_{ci} = cN_cF_{cs}F_{cd} = c_uN_cF_{sc}\ F_{dc}$$

$$= 5.14 \times 40 \times \left(1 + 0.2 \times \frac{8}{12}\right)\left(1 + 0.2 \times \frac{D_f}{8}\right) = (233.01 + 5.83D_f)\ kPa$$

$$FS = \frac{q_{net}}{q_a} \Rightarrow 3 = \frac{233.01 + 5.83D_f}{125\ - 17D_f} \Rightarrow D_f = 2.50\ m \ldots\ldots\ldots\ldots Ans.$$

Chapter 2 邊坡穩定 重點內容摘要

（一）無水無限邊坡滑動安全係數

$$FS = \frac{\tan\varphi}{\tan\beta} + \frac{c}{\gamma H \sin\beta\cos\beta}$$

（二）浸水無限邊坡滑動安全係數

$$FS = \frac{\tan\varphi}{\tan\beta} + \frac{c}{\gamma' H \sin\beta\cos\beta}$$

（三）滲流平行無限邊坡滑動安全係數

    1. 地下水在地表面：

$$FS = \frac{\gamma'\tan\varphi}{\gamma_{sat}\tan\beta} + \frac{c}{\gamma_{sat} H \sin\beta\cos\beta}$$

    2. 地下水距地表面 $(1-m)H$：

$$FS = \frac{\left[(1-m)\gamma + m\gamma'\right] H \cos^2\beta\tan\varphi' + c'}{\left[(1-m)\gamma + m\gamma_{sat}\right] H \cos\beta\sin\beta}$$

（四）黏土圓弧滑動破壞

    穩定數 $m = \dfrac{c_d}{\gamma H}$ ， $FS = \dfrac{c_u}{c_d}$

（五）層狀土壤滑動（複合型滑動）破壞

$$FS = \frac{S + P_p}{P_A} \quad , \quad S = c_u L + W\tan\varphi$$

參考題解

一、若有一邊坡剖面如下圖所示，且地下水位上升至圖面標示高程，請使用普通切片法，
依照已分割之切片，計算此假設圓弧破壞面之安全係數 FS。請以如下給定之土壤參數
來進行計算：$\gamma = 18$ kN/m³，$\gamma_{sat} = 20$ kN/m³，$c' = 10$ kN/m²，$\phi' = 36°$。（25 分）

註：普通切片法公式

$$FS = \frac{\sum_{n=1}^{n=p}\left[c'\Delta L_n + (W_n \cos\alpha_n - u_n\Delta L_n)\tan\phi'\right]}{\sum_{n=1}^{n=p} W_n \sin\alpha_n}$$

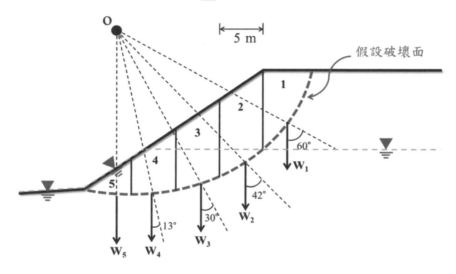

（110 結技-土壤力學與基礎設計#4）

參考題解

依據題目所給之比例尺，大約估計個別需用到的相關尺寸，標示如下圖。

計算說明：

（一）各切片之底部破壞弧長 $\Delta L_n \approx \dfrac{b_n}{cos\alpha_n}$，$b_n$為水平寬度

（二）計算每切片之個別重量 W_n（the total weight of the slice，總應力×面積），需考慮地下水
位以上、以下之單位重不同。面積計算如有不規則者（如編號 4 等），取大約值。

（三）計算每切片之個別重量（總應力×面積）在破壞圓弧上之分量，垂直破壞圓弧的分量
$W_n cos\alpha_n$，平行破壞圓弧的分量 $W_n sin\alpha_n$。

（四）計算作用在每個切片底部破壞圓弧的水壓力 u_n，水壓力計算系考慮破壞圓弧位置與地

下水位高（自由水面）之距離，取切片底部水壓力之平均值。$u_n\Delta L_n$即為作用在切片底部破壞圓弧上的水壓力（force）。

（五）依據公式各項，依序列表計算。

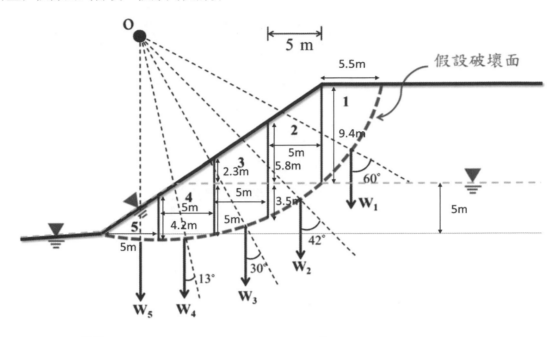

$$FS = \frac{\sum_{n=1}^{n=p}[c'\Delta L_n + (W_n cos\alpha_n - u_n\Delta L_n)tan\varphi']}{\sum_{n=1}^{n=p}W_n sin\alpha_n}$$

編號	ΔL_n	$c'\Delta L_n$	面積	W_n(含水重)	$W_n cos\alpha_n$	$W_n sin\alpha_n$	u_n(取平均值)	$u_n\Delta L_n$
1	11	110	25.85	18×25.85 $= 465.3$	228.15	402.96	0	0
2	6.72	67.2	38	38×18 $+ 8.75 \times 20$ $= 859$	638.36	574.78	$\frac{0 + 3.5}{2} \times 9.81$ $= 17.17$	115.38
			8.75					
3	5.77	57.7	20.25	18×20.25 $+ 20 \times 21.25$ $= 789.5$	683.73	394.75	$\frac{3.5 + 5}{2} \times 9.81$ $= 41.69$	240.55
			21.25					
4	5.13	51.3	4.6	$18 \times 4.6 + 20$ $\times 24.5$ $= 572.8$	558.12	128.85	$\frac{5 + 4.2}{2} \times 9.81$ $= 45.13$	231.52
			24.5					
5	5	50	10.5	20×10.5 $= 210$	210	0	$\frac{4.2 + 0}{2} \times 9.81$ $= 20.6$	103
				$\sum_{n=1}^{n=p} W_n sin\alpha_n$		1501.34		

續表計算：

編號	$(W_n cos\alpha_n - u_n\Delta L_n)$	$(W_n cos\alpha_n - u_n\Delta L_n)tan\varphi'$	$c'\Delta L_n + (W_n cos\alpha_n - u_n\Delta L_n)tan\varphi'$
1	228.15	165.76	275.76
2	522.98	379.97	447.17
3	443.18	321.99	379.69
4	326.6	237.29	288.59
5	107	77.74	127.74
$\sum_{n=1}^{n=p}[c'\Delta L_n + (W_n cos\alpha_n - u_n\Delta L_n)tan\varphi']$			1518.95

$$FS = \frac{\sum_{n=1}^{n=p}[c'\Delta L_n + (W_n cos\alpha_n - u_n\Delta L_n)tan\varphi']}{\sum_{n=1}^{n=p} W_n sin\alpha_n} = \frac{1518.95}{1501.34} = 1.012\ldots\ldots\ldots Ans.$$

3 淺基礎承載力

Chapter 重點內容摘要

（一）基腳極限承載力

1. 條形基腳：$q_{ult} = cN_c + qN_q + \frac{1}{2}\gamma B N_\gamma$

2. 矩形基腳：$q_{ult} = \left(1 + 0.3\frac{B}{L}\right)cN_c + qN_q + \left(1 - 0.2\frac{B}{L}\right)\frac{1}{2}\gamma B N_\gamma$

3. 方型基腳：$q_{ult} = 1.3cN_c + qN_q + 0.4\gamma B N_\gamma$

☞ 水位修正：基底下方土壤單位重 γ 修正

（二）$\varphi = 0$ 之 N_c

1. Terzaghi：$\varphi = 0$，$N_c = 5.7$，$N_q = 1.0$，$N_\gamma = 0$

2. Meyerhof、Vesic 等：$\varphi = 0$，$N_c = 5.14$，$N_q = 1.0$，$N_\gamma = 0$

3. Skempton 建議飽和黏土之 $N_c = 5\left(1 + 0.2\frac{B}{L}\right)\left(1 + 0.2\frac{D_f}{B}\right)$，$\frac{D_f}{B} \leq 2.5$

（三）單向偏心有效寬度 $B' = B - 2e$

雙向偏心有效寬度 $B' = \left[B - 2e_y, L - 2e_x\right]_{min}$，$L' = \left[B - 2e_y, L - 2e_x\right]_{max}$

$Q_{ult} = q_{ult} \times B' \times L'$

（四）淨極限承載力 $q_{net} = q_{ult} - \gamma D_f$

容許承載力 $q_a = \dfrac{q_{net}}{FS} + \gamma D_f$

（五）*Meyerhof* 建議之極限承載力：$q_{ult} = cN_cF_{cs}F_{cd}F_{ci} + qN_qF_{qs}F_{qd}F_{qi} + 0.5B'\gamma N_\gamma F_{\gamma s}F_{\gamma d}F_{\gamma i}$

1. 形狀影響因素 F_{cs}、F_{qs}、$F_{\gamma s}$：使用 B'、L' 計算

2. 埋設深度影響因素 F_{cd}、F_{qd}、$F_{\gamma d}$：使用 B、L 計算

3. 水位修正：使用 B 計算

（六）砂土層依平鈑載重試驗推算之沉陷量 $S = S_1 \left(\dfrac{2B}{B + 0.3} \right)^2$

　　　黏土層依平鈑載重試驗推算之沉陷量 $S = S_1 \dfrac{B}{0.3}$

（七）浮筏式基礎在軟弱黏土層承載力之安全係數 $FS = \dfrac{c_u N_c}{q - r D_f}$

參考題解

一、某電子公司基地，欲建造精密廠房，經委由某試驗公司進行 $0.3m \times 0.3m$ 平鈑載重試驗，得平鈑載重曲線，如圖(a)所示，精密廠房之基腳採用 $2m \times 2m$ 獨立基腳如圖(b)所示，試以平鈑載重試驗曲線設計基礎承載力：（列出計算過程，否則不給分）

（一）承載力控制設計，在 $FS = 2.0$ 之下，廠房單柱之容許承載力 Q_a？（5 分）與對應之沉陷量 ΔH？（5 分）

（二）沉陷量控制設計，在沉陷量下 $\Delta H = 1.0cm$，廠房之柱容許承載力 Q_a？（5 分）

（三）請製作比較表(a)以供電子公司選擇。（5 分）

註：$FS = \dfrac{q_{ult} - q_0}{q_a - q_0}$

表(a) 承載力控制設計與沉陷量控制設計比較表

地盤種類	2m×2m 基腳	柱容許承載力 Q_a(kN)	對應之沉陷量ΔH(cm)
砂土地盤	承載力控制設計(FS = 2)		
	沉陷量控制設計(ΔH = 1 cm)		1.0 cm

1.黏土地盤

q_a(基腳) $= q_a$(平鈑)

ΔH(基腳) $= \Delta H$平鈑$\left(\dfrac{\text{基腳寬B}}{\text{平鈑寬P}}\right)$

$FS = \dfrac{q_{ult} - q_0}{q_a - q_0}$

2.砂土地盤

q_a(基腳) $= q_a$(平鈑)$\left(\dfrac{\text{基腳寬B}}{\text{平鈑寬P}}\right)$

ΔH(基腳) $= \Delta H$(平鈑)$\left(\dfrac{\text{基腳寬B}}{\text{基腳寬B} + \text{平鈑寬P}}\right)^2$

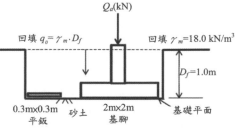

求柱容許承載力

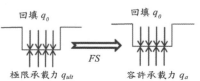

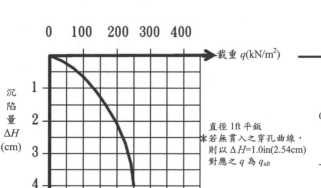

圖(a)平鈑載重-沉陷量曲線

直徑 1ft 平鈑
※若無貫入之穿孔曲線，則以 $\Delta H = 1.0$in(2.54cm) 對應之 q 為 q_{ult}

圖(b)基地（砂土）

（106 結技-土壤力學與基礎設計#3）

參考題解

（一）依圖(a)之說明，以 $\Delta H = 1.0 in (2.54 cm)$ 對應之 q 為平鈑載重之 q_{ult}，由圖得則

$q_{ult,p} = 230 \, kN/m^2$

依公式得基腳之 $q_{ult,F} = q_{ult,p} \dfrac{B}{P} = 230 \times \dfrac{2}{0.3} = 1533.3 \, kN/m^2$

（平鈑上覆土壓 $q = 0$，題目 N_q 未知，假設基礎回填後 $N_q = 1$）

柱容許承載力 $Q_a = (q_{ult,F} - q_0) \times A / FS = (1533.33 - 18 \times 1) \times 2^2 / 2$

得 $Q_a = 3030.7 kN$

回填後，基腳下應力 $q = Q_a / A + q_0 = 775.7 \, kN/m^2$

以 q 對應圖(a)，無法求得平鈑在與基腳下相同之 q 下所得之沉陷量 ΔH，故亦無法依公式推得基腳受 q 下之 ΔH

（二）題目砂土地盤基腳與平鈑沉陷量之關係為依 Terzaghi & Peck（1967）之經驗公式，其公式應為

$$\Delta H (\text{基腳}) = \Delta H (\text{平鈑}) \times \left(\frac{2B}{B+P} \right)^2 \text{，以此公式進行計算}$$

$\Delta H = 1.0 cm$ 及基腳與平鈑尺寸代入公式，$1 = \Delta H_p \times \left(\dfrac{2 \times 2}{2 + 0.3} \right)^2$

得平鈑在相同之 q 下沉陷量 $\Delta H_p = 0.33 cm$

以圖(a)對應得 $q_{ult,p} = 65 \, kN/m^2$

柱容許承載力 $Q_a = (q_{ult,p} - q_0) \times A = (65 - 18) \times 2^2 = 188 kN$

（三）製作比較表(a)如下：

<table>
<tr><td colspan="4" align="center">表(a) 承載力控制設計與沉陷量控制設計比較表</td></tr>
<tr><td>地盤種類</td><td>2m×2m 基腳</td><td>柱容許承載力 Q_a (kN)</td><td>對應之沉陷量 ΔH (cm)</td></tr>
<tr><td rowspan="2">砂土地盤</td><td>承載力控制設計(FS=2)</td><td>3030.7 kN</td><td>依題目資料，無法求得</td></tr>
<tr><td>沉陷量控制設計
（$\Delta H = 1.0cm$）</td><td>188 kN</td><td>1.0 cm</td></tr>
</table>

二、一方形基角如下圖所示，若地下水位在地表處，請計算該基角在承載力安全係數為 3 之情況下，所能承受之最大垂直荷重 P。（25 分）

$$q_{ult} = 1.3c'N_c + \sigma'_{zD}N_q + 0.4\gamma'BN_\gamma$$

$N_c = 37.2$ ， $N_q = 22.5$ ， $N_\gamma = 20.1$ for $\varphi' = 30°$

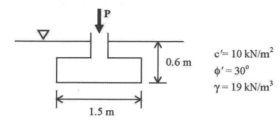

c'= 10 kN/m²
φ' = 30°
γ = 19 kN/m³

0.6 m

1.5 m

（106 三等-土壤力學與基礎工程#1）

參考題解

依圖所示，得 $q_{net} = 1.3c'N_c + \sigma'_{zD}(N_q - 1) + 0.4\gamma'BN_\gamma$

$q_{net} = 1.3 \times 10 \times 37.2 + 0.6 \times (19 - 9.8) \times (22.5 - 1) + 0.4 \times (19 - 9.8) \times 1.5 \times 20.1 = 713.232\,kN/m^2$

$q_a = \dfrac{q_{net}}{FS} = \dfrac{713.232}{3} = 237.744\,kN/m^2$

可承受最大垂直荷重 $P_{max} = q_a \times A = 237.744 \times 1.5 \times 1.5 = 534.924\,kN$

三、試以 Terzaghi 淺基礎承載力理論，回答下列問題：

（一）繪出當土壤摩擦角 $\phi = 0$ 時，其條狀基礎破壞面且詳細標註其幾何參數。（10 分）

（二）以 Terzaghi 承載力理論，列出於地表進行圓形平鈑載重試驗（plate load test），所得平鈑極限承載力與實際基礎承載力於黏土及砂土層需如何修正，並說明其原由。（10 分）

（三）考慮土壤摩擦角 $\phi = 0$ 且埋置深度 D 之條狀基礎，計算淨極限承載力（net ultimate bearing capacity）時，如何進行地下水位修正？（5 分）

（107 高考-土壤力學#3）

參考題解

（一）以 Terzaghi 淺基礎承載力理論繪條狀基礎破壞面，設基底為光滑面

土壤摩擦角 $\phi = 0$，並設為飽和黏土採不排水剪力強度參數 $c = c_u$

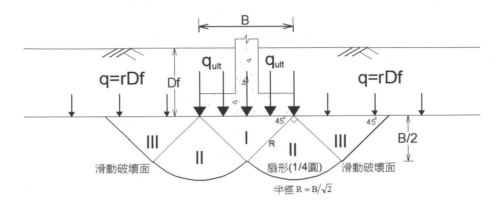

I 區為主動土壓力區，II 區為輻射區，為對數螺旋曲線型式，因 $\phi = 0$，故呈扇形，III 區為被動土壓力區

$$q_{ult} = c_u N_c + \gamma D_f$$

可導出 $N_c = 5.14$，若採用粗糙基底，$N_c = 5.7$，其為 Terzaghi 採用。

（二）依 Terzaghi 承載力理論

圓形基礎承載力 $q_{net} = 1.3cN_c + q(N_q - 1) + 0.3B\gamma N_\gamma$

B_P：平鈑尺寸，B_F：基礎尺寸，$q_{net(P)}$：平鈑淨極限承載力

$q_{ult(F)}$：基礎極限承載力，$q_{net(F)}$：基礎淨極限承載力，另 $q = \gamma D_f$

黏土層：$N_q = 1$，$N_\gamma = 0$

　　　　平鈑置於地表上（無覆土），理論平鈑試驗值 $q_{net(P)} = 1.3c_u N_c$

　　　　尺寸大小及埋置深度不影響黏土層承載力 $q_{net(F)} = q_{net(P)}$

　　　　$q_{ult(F)} = q_{net(F)} + \gamma D_f = q_{net(P)} + \gamma D_f$

　　　　$q_{net(F)} = q_{net(P)}$

砂土層：$c = 0$

　　　　平鈑置於地表上（無覆土），理論平鈑試驗值 $q_{net(P)} = 0.3B_P \gamma N_\gamma$

　　　　尺寸（B）大小影響承載力，另 $N_q > 1$，埋置深度亦影響承載力

　　　　$q_{ult(F)} = \gamma D_f N_q + q_{net(P)} \dfrac{B_F}{B_P}$

　　　　$q_{net(F)} = \gamma D_f (N_q - 1) + q_{net(P)} \dfrac{B_F}{B_P}$

（三）依 Terzaghi 承載力理論

條狀基礎淨承載力 $q_{net} = cN_c + q(N_q - 1) + \frac{1}{2}B\gamma N_\gamma$

土壤摩擦角 $\phi = 0$，$N_q = 1$，$N_\gamma = 0$，得 $q_{net} = c_u N_c$，

若滑動面為飽和黏土，採用不排水剪力強度參數 $c = c_u$，則不需進行地下水位修正

【說明】飽和黏土層進行承載力分析時，因加載初期因不排水，外加負載由孔隙水承擔，激發超額孔隙水壓力，有效應力沒有變化，剪力強度最低，之後超額孔隙水壓力隨時間消散，致有效應力逐漸增加，抗剪強度提高，故短期不排水多為黏土層承載力最危險階段（安全係數最低），採用不排水剪力強度參數（$\phi_u = 0$，$c = c_u$）進行分析。

四、如下圖之條形基腳、地層剖面與參數，試以 Terzaghi 承載力公式計算此基腳之極限承載力。（15分）

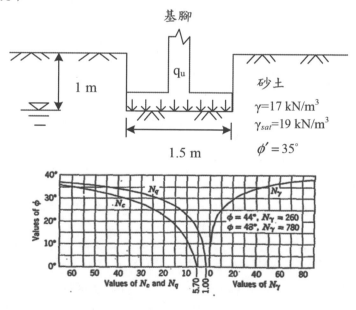

（107 三等-土壤力學與基礎工程#2）

參考題解

Terzaghi 之條形基腳極限承載力 $q_{ult} = cN_c + qN_q + \frac{1}{2}\gamma BN_\gamma$

砂土：$c' = 0$，$\phi' = 35°$，查圖得 $N_q = 41.44$，$N_\gamma = 45.41$

$\quad q = \gamma D_f = 17 \times 1 = 17\ kN/m^2$

$\quad q_{ult} = qN_q + \frac{1}{2}\gamma BN_\gamma = 17 \times 41.44 + 0.5 \times (19 - 9.81) \times 1.5 \times 45.41$

得 $\quad q_{ult} = 1017.5\ kN/m^2$

五、一個橋墩的基礎預計將建置在一砂土層中，此砂土層 15 公尺厚，地下常水位在地表下 3 公尺。砂土之單位重為 18.8 kN/m³，飽和單位重為 20.8 kN/m³，以及有效摩擦角為 34 度。若此橋墩之基礎形式為矩形淺基礎，長、寬及厚度分別為 4、2 與 1 公尺，基礎底部埋設在地表下 1 公尺處，則此淺基礎之容許承載力為何？（20 分）

（108 三等－土壤力學與基礎工程#4）

參考題解

砂土 $c = 0$

矩形基礎 $q_u = \left(1 + 0.3\dfrac{B}{L}\right)cN_c + qN_q + \left(0.5 - 0.1\dfrac{B}{L}\right)\gamma BN_\gamma$

$B = 2m$、$L = 4m$、$D_f = 1m$

地下水在地表下 3m，恰位於基礎版下 2m（= 1B = 2m）$\Rightarrow$ 不進行地下水修正

另查相關書籍 $\varphi' = 34°$s

$N_c = 42.16$，$N_q = 29.44$，$N_\gamma = 41.06$（題目未給，非常不合理）

$q_n = \left(1 + 0.3\dfrac{B}{L}\right)cN_c + q(N_q - 1) + \left(0.5 - 0.1\dfrac{B}{L}\right)\gamma BN_\gamma$

$\quad = 0 + 18.8 \times 1 \times (29.44 - 1) + \left(0.5 - 0.1\dfrac{2}{4}\right) \times 18.8 \times 2 \times 41.06$

$\quad = 534.67 + 694.74 = 1229.41 kPa$

$\Rightarrow q_a = q_n/FS = 1229.41/3 = 409.8 kPa$

$\Rightarrow$ 容許承載力 $Q_a = q_a \times B \times L = 409.8 \times 2 \times 4 = 3278.4 kN$……Ans.

六、某一 $2m \times 2m$ 寬之正方形基腳，置於地表下 0.8 m 處，基腳正中心同時承受垂直載重 1500kN 和一個彎矩載重 300kN-m，如圖所示，且地下水在極深處。

（一）試求此單向偏心彎矩載重及垂直載重導致贅餘力（Resultant force）之偏心距 eB 為何？並計算基礎因此贅餘力而承受最大（qmax）和最小（qmin）的承載應力各為何？（10 分）

（二）基礎下的土壤參數如圖所示，當 $\phi' = 34°$ 時，其承載力因子 $N_c = 52.6$，$N_q = 36.5$，$N_\gamma = 39.6$，求可承擔的極限承載力（qu）為何？（15 分）（提示：有效寬度 $B' = (B - 2 \times eB)$）

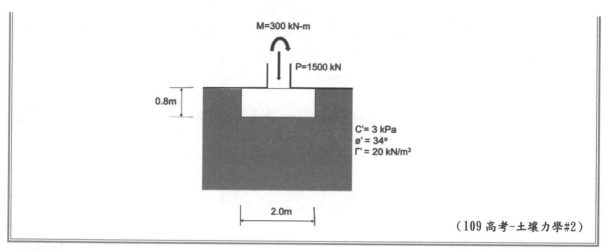

（109 高考−土壤力學#2）

參考題解

題型解析	偏心基礎極限承載力
難易程度	中等題型
講義出處	109 基礎工程 4.8（P.130） 類似題：例題 4-9、4-10、5-13、14、5-15、109 土木高考模擬考第一次（3） 及第二次（3）

（一）偏心距 e_B

$$e_B = \frac{M}{P} = \frac{300}{1500} = 0.2\text{m} \ldots\ldots\ldots\ldots\ldots\ldots\ldots\ldots\ldots\ldots\ldots\ldots\ldots\ldots\ldots \text{Ans.}$$

當 $e_B = 0.2 \leq \dfrac{B}{6}(= \dfrac{2}{6})$

$$q_{max} = \frac{P}{BL}\left(1 + \frac{6e_B}{B}\right) = \frac{1500}{2 \times 2}\left(1 + \frac{6 \times 0.2}{2}\right) = 600\text{kN/m}^2 \ldots\ldots \text{Ans.}$$

$$q_{min} = \frac{P}{BL}\left(1 - \frac{6e_B}{B}\right) = \frac{1500}{2 \times 2}\left(1 - \frac{6 \times 0.2}{2}\right) = 150\text{kN/m}^2 \ldots\ldots \text{Ans.}$$

（二）極限承載力 (q_u)

方形基礎 $q_u = 1.3cN_c + qN_q + 0.4\gamma BN_\gamma$

有效寬度 $B' = B - 2 \times e_B = 2 - 2 \times 0.2 = 1.6\text{m}$

$$q = 0.8 \times 20 = 16\text{kN/m}^2$$

$$q_u = 1.3cN_c + qN_q + 0.4\gamma BN_\gamma$$

$$= 1.3 \times 3 \times 52.6 + 16 \times 36.5 + 0.4 \times 20 \times 1.6 \times 39.6$$

$$= 205.14 + 584 + 506.88 = 1296.02\text{kN/m}^2 \ldots\ldots\ldots\ldots\ldots\ldots \text{Ans.}$$

七、一正方形基礎坐落於土壤中，基礎面在地表下 1.2m，承受一傾斜荷重675kN，傾斜角度為12°，如圖所示。該土壤之濕單位重$\gamma_m = 16.5$ kN/m³，飽和單位重$\gamma_{sat} = 19.5$kN/m³，地下水位在地面下 0.7m。（20 分）

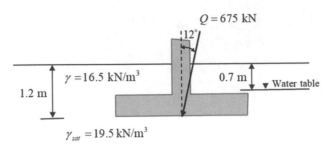

（一）為求取土壤強度參數，進行四個不擾動土壤試體之三軸壓密不排水試驗（Consolidated Undrained Test），試體破壞時所記錄的應力與孔隙水壓資料如表所示。試繪出此土壤之總應力與有效應力破壞包絡線，求上述基礎設計所需之莫爾-庫倫（Mohr-Coulomb Criterion）強度參數。

試體編號	圍壓σ_3 kN/m²	軸差壓力$\sigma_1 - \sigma_3$ kN/m²	孔隙水壓 (u) kN/m²
1	50	57	21
2	100	118	40
3	200	205	82
4	400	423	158

（二）若安全係數$FS = 3.0$，決定基礎寬度B為多少？

參考公式

$$q_{all} = \left(\frac{q_u - q}{FS} \right) + q$$

Shape factors	Depth factors	Inclination factors
$F_{cs} = 1 + \left(\dfrac{B}{L} \right)\left(\dfrac{N_q}{N_c} \right)$	$F_{cd} = 1 + 0.4\left(\dfrac{D_f}{B} \right)$	$F_{ci} = F_{qi} = (1 - \dfrac{\beta°}{90°})^2$
$F_{qs} = 1 + \left(\dfrac{B}{L} \right)\tan\varphi'$	$F_{qd} = 1 + 2\tan\varphi'(1 - \sin\varphi')^2 \dfrac{D_f}{B}$	$F_{\gamma i} = (1 - \dfrac{\beta}{\varphi'})^2$
$F_{\gamma s} = 1 - 0.4\left(\dfrac{B}{L} \right)$	$F_{\gamma d} = 1$	

φ（度）	N_c	N_q	N_γ	φ（度）	N_c	N_q	N_γ
23	18.05	8.66	8.20	37	55.63	42.92	66.19
24	19.32	9.60	9.44	38	61.35	48.93	78.03
25	20.72	10.66	10.88	39	67.87	55.96	92.25
26	22.25	11.85	12.54	40	75.31	64.20	109.41
27	23.94	13.20	14.47	41	83.86	73.90	130.22
28	25.80	14.72	16.72	42	93.71	85.38	155.55
29	27.86	16.44	19.34	43	105.11	99.02	186.54
30	30.14	18.40	22.40	44	118.37	115.31	224.64
31	32.67	20.63	25.99	45	133.88	134.88	271.76
32	35.49	23.18	30.22	46	152.10	158.51	330.35
33	38.64	26.09	35.19	47	173.64	187.21	403.67
34	42.16	29.44	41.06	48	199.26	222.31	496.01
35	46.12	33.30	48.03	49	229.93	265.51	613.16
36	50.59	37.75	56.31	50	266.89	319.07	762.89

（109 土技-大地工程學#5）

參考題解

題型解析	屬三軸試驗結合淺基礎極限承載力之分析題型
難易程度	中等偏難、計算量多，須小心計算之題型
講義出處	109 土壤力學例題 8-4（P.258）、例題 8-9（P.265） 109 基礎工程例題 4-9（P.144）、例題 4-10（P.147）、例題 4-17（P.155） 109 考前仿真模擬考直接命中

（一）基礎設計所需強度參數：

為求最佳解，已知四組試驗數據利用線性回歸之最小平方法求解之：

試體編號	σ_3	$\Delta\sigma_d$	σ_1	u_f	σ_3'	σ_1'
1	50	57	107	21	29	86
2	100	118	218	40	60	178
3	200	205	405	82	118	323
4	400	423	823	158	242	665

已知 $\sigma_1 = \sigma_3 K_p + 2c\sqrt{K_p}$　　　　　　　　　　$\sigma_1' = \sigma_3' K_p' + 2c'\sqrt{K_p'}$

總應力：

σ_3	σ_1	$\overline{\sigma_3}$	$\overline{\sigma_1}$	$\sigma_3 - \overline{\sigma_3}$	$(\sigma_3 - \overline{\sigma_3})^2 s$	$\sigma_1 - \overline{\sigma_1}$	$(\sigma_3 - \overline{\sigma_3}) \times (\sigma_1 - \overline{\sigma_1})$
50	107			-137.5	18906.25	-281.25	38671.875
100	218			-87.5	7656.25	-170.25	14896.875
200	405	187.5	388.25	12.5	156.25	16.75	209.375
400	823			212.5	45156.25	434.75	92384.375
				$\sum$	71875	$\sum$	146162.5

$$\Rightarrow K_p = \frac{\sum(\sigma_3 - \overline{\sigma_3}) \times (\sigma_1 - \overline{\sigma_1})}{\sum(\sigma_3 - \overline{\sigma_3})^2} = \frac{146162.5}{71875} = 2.03357$$

$$\Rightarrow K_p = \tan^2\left(45° + \frac{\varphi}{2}\right) = 2.03357 \quad \Rightarrow \varphi = 19.92° \Rightarrow 取設計\ \varphi = 20°$$

再利用 $\overline{\sigma_1} = \overline{\sigma_3}K_p + 2c\sqrt{K_p}$

$$\Rightarrow 388.25 = 187.5 \times 2.034 + 2c\sqrt{2.034} \qquad \Rightarrow c = 2.41kN/m^2$$

依題意，破壞時孔隙水壓力皆為正，可知為正常壓密黏土（或疏鬆之砂土）

取正常壓密黏土試體 $\Rightarrow c = 0kPa$

有效應力：

σ_3'	σ_1'	$\overline{\sigma_3'}$	$\overline{\sigma_1'}$	$\sigma_3' - \overline{\sigma_3'}$	$(\sigma_3' - \overline{\sigma_3'})^2$	$\sigma_1' - \overline{\sigma_1'}$	$(\sigma_3' - \overline{\sigma_3'}) \times (\sigma_1' - \overline{\sigma_1'})$
29	86			−83.25	6930.5625	−227	18897.75
60	178			−52.25	2730.0625	−135	7053.75
118	323	112.25	313	5.75	33.0625	10	57.5
242	665			129.75	16835.0625	352	45672
				$\sum$	26528.75	$\sum$	71681

$$\Rightarrow K_P' = \frac{(\sigma_3' - \overline{\sigma_3'}) \times (\sigma_1' - \overline{\sigma_1'})}{\sum(\sigma_3' - \overline{\sigma_3'})^2} = \frac{71681}{26528.75} = 2.702$$

$$\Rightarrow K_P' = \tan^2\left(45° + \frac{\varphi'}{2}\right) = 2.702 \quad \Rightarrow \varphi' = 27.4° \Rightarrow 保守取設計\varphi' = 27°$$

續前計算，取正常壓密黏土試體 $\Rightarrow c' = 0kPa$

基礎設計所需之莫爾-庫倫（Mohr-Coulomb Criterion）強度參數：

總應力強度參數：c = 0kPa，φ = 20° ... ... Ans.

有效應力強度參數：c′ = 0kPa，φ′ = 27° ... ... Ans.

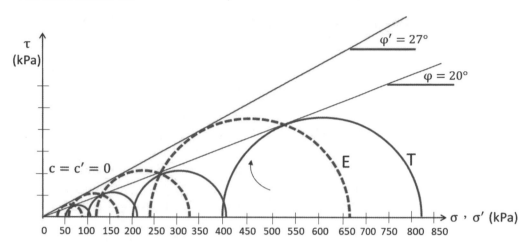

（二）安全係數 $FS = 3.0$，決定基礎寬度B（本題無偏心）：

取設計 $\varphi' = 27°$

查表得 $N_c = 23.94$，$N_q = 13.2$，$N_r = 14.47$

$$q_u = c'N_cF_{cs}F_{cd}F_{ci} + qN_qF_{qs}F_{qd}F_{qi} + \frac{1}{2}\gamma BN_\gamma F_{\gamma s}F_{\gamma d}F_{\gamma i} \quad (c' = 0)$$

$$= qN_qF_{qd}F_{qi} + \frac{1}{2}\gamma BN_\gamma F_{\gamma d}F_{\gamma i}$$

$q = 16.5 \times 0.7 + (19.5 - 9.81) \times 0.5 = 16.395\text{kPa}$

$c' = 0$，免計算 F_{cs}、F_{cd}、F_{ci}

形狀因子：

$$F_{qs} = 1 + \left(\frac{B}{L}\right)\tan\varphi' = 1 + \tan\varphi' = 1.51$$

$$F_{\gamma s} = 1 - 0.4\left(\frac{B}{L}\right) = 0.6$$

深度因子：

$$F_{qd} = 1 + 2\tan\varphi'(1 - \sin\varphi')^2\left(\frac{D_f}{B}\right)$$

$$= 1 + 2\tan27°(1 - \sin27°)^2\left(\frac{1.2}{B}\right) = 1 + \frac{0.365}{B}$$

$$F_{\gamma d} = 1$$

載重傾斜因子β = 20°

$$F_{qi} = \left(1 - \frac{\beta}{90°}\right)^2 = \left(1 - \frac{12°}{90°}\right)^2 = 0.751$$

$$F_{\gamma i} = \left(1 - \frac{\beta}{\varphi}\right)^2 = \left(1 - \frac{12°}{27°}\right)^2 = 0.309$$

傾斜極限載重Q_{ult}：

極限承載力$q_u = c'N_cF_{cs}F_{cd}F_{ci} + qN_qF_{qs}F_{qd}F_{qi} + 0.5\gamma'BN_\gamma F_{\gamma s}F_{\gamma d}F_{\gamma i}$

$$= 0 + 16.395 \times 13.2 \times 1.51 \times \left(1 + \frac{0.365}{B}\right) \times 0.751$$

$$+0.5 \times (19.5 - 9.81) \times B \times 14.47 \times 0.6 \times 1 \times 0.309$$

$$= 0 + 245.42\left(1 + \frac{0.365}{B}\right) + 13B = 245.42 + \frac{89.58}{B} + 13B$$

利用$q_{all} = \left(\dfrac{q_u - q}{FS}\right) + q$

$$q_{all} = \frac{Q \times \cos\beta}{A} = \frac{675 \times \cos 12°}{B^2}$$

$$\frac{675 \times \cos 12°}{B^2} = \frac{245.42 + \dfrac{89.58}{B} + 13B - 16.395}{3} + 16.395$$

試誤法：

B (m)	左式	右式
2	165.06	116.33
2.5	105.64	115.51
2.4	114.63	115.58
2.38	116.56	115.59
2.39	115.59	115.64

$\Rightarrow$ B = 2.39m.........................Ans.

八、一面牆將建構在一狹長的淺基礎上（基礎長遠大於 10 倍基礎寬），此基礎寬度為 1.25
公尺，厚度為 0.5 公尺厚且其底部置於地表下 0.5 公尺處。現地之土壤為粉土質黏土，
其無圍壓縮強度為 100 kPa，此土壤之單位重為 18.8 kN/m³，地下水位在地表處。請以
計算說明該基礎能否安全地承載 120 kN/m 之荷重？（25 分）

（109 結技－土壤力學與基礎設計#4）

參考題解

題型解析	為淺基礎承載力計算分析題型
難易程度	簡易、公式運用即可得分
講義出處	109 基礎工程 4.3、4.5（P.123~126） 類似例題 4-2、4-3（P.138~139）、例題 4-5（P.140）、例題 4-16（P.154）

基礎長遠大於 10 倍基礎寬，意指條型基礎

無圍壓縮強度 $q_u = 100kPa \Rightarrow c_u = 50kPa$，$\varphi_u = 0°$

$\varphi_u = 0°$時，已知 $N_c = 5.7$、$N_q = 1.0$、$N_\gamma = 0$

$$\Rightarrow q_{net} = q_u - q = cN_c + qN_q + \frac{1}{2}\gamma BN_\gamma - q = 5.7c_u = 285kPa$$

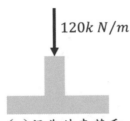

(a)視為外來荷重

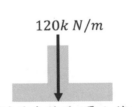

(b)外來荷重+覆土荷重

(a) 假設題目所稱荷重指的是外來荷重，安全係數取 $FS = 3.0$

$\qquad q_{all} = q_{net}/FS = 285/3 = 95kPa$

$\qquad q_{used} = Q/B = 120/1.25 = 96$ kPa

$\qquad \Rightarrow q_{used} > q_{all}$ 　　　N. G. 　　　承載力略顯不足 …………………. Ans.

(b) 假設題目所稱荷重指的是外來荷重＋覆土荷重，安全係數取 $FS = 3.0$

$$q_{all} = \frac{q_{net}}{FS} + q = \frac{285}{3} + (18.8 - 9.81) \times 0.5 = 99.5kPa$$

$\qquad q_{used} = Q/B = 120/1.25 = 96$ kPa

$\qquad \Rightarrow q_{used} < q_{all}$ 　　　O. K. 　　　………………………………. Ans.

九、一個方形的淺基礎如下，地下水位在地表處，請計算在承載力安全係數為 3 的情況下，
　　該基礎所允許承載之軸力 P。（25 分）

$N_c = 37.2$; $N_q = 22.5$; $N_\gamma = 20.1$

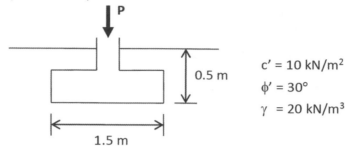

$c' = 10\ kN/m^2$
$\phi' = 30°$
$\gamma = 20\ kN/m^3$

0.5 m

1.5 m

（109 三等－土壤力學與基礎工程#3）

參考題解

題型解析	淺基礎極限承載力分析計算題型
難易程度	簡單入門題型
講義出處	109 基礎工程 4.4（P.125）。類似例題 4-2（P.138）、4-4（P.139）、4-16（P.154）

方形基礎 $q_{ult} = 1.3c'N_c + \sigma'_{zD}N_q + 0.4\gamma'BN_\gamma$

$\Rightarrow q_{net} = 1.3c'N_c + \sigma'_{zD}(N_q - 1) + 0.4\gamma'BN_\gamma$

$= 1.3 \times 10 \times 37.2 + (20 - 9.81) \times 0.5 \times (22.5 - 1) + 0.4 \times (20 - 9.81) \times 1.5 \times 20.1$

$= 483.6 + 109.54 + 122.89 = 716.03 kPa$

$\Rightarrow q_a = \dfrac{q_{net}}{FS} = \dfrac{716.03}{3} kPa$

$\Rightarrow$ 允許軸力 $P = q_a \times A = \dfrac{716.03}{3} \times 1.5 \times 1.5 = 537.02\ kN$ …… . Ans.

十、有一砂土層地層，地下水位面位於地表下 1.5 m 處，土壤單位重 $\gamma_{dry} = 16\,kN/m^3$，$\gamma_{sat} = 18\,kN/m^3$。如於該地層深度 2.5 m 處設置寬度 3 m 之條狀放腳基礎，擬採用該處地層之鑽探時之標準貫入試驗（SPT）打擊數 N_{60} 推估基礎之承載力，請說明可選用之 N_{60} 資料深度範圍，及如何由該範圍之 N_{60} 得到所需之土壤摩擦角 φ。（25 分）

（110 三等-土壤力學與基礎工程#4）

參考題解

（一）基礎版以下之土壤位於地下水以下，應進行 N 值修正，依 Terzaghi 等人建議，N 值≤ 15 不用修正折減，N 值＞ 15者則須予以折減一半：

$$\bar{N} = 15 + \frac{1}{2}(N - 15)$$

（二）選用 N_{60} 資料深度範圍需考慮基礎破壞圓弧深度，依據 Terzaghi 淺基礎極限承載力理論，全面剪力破壞之破壞圓弧深度約為基礎底部下1.08B，其值約為= $1.08 \times 3 = 3.24m$，故所需考慮選用之 N_{60} 資料之深度範圍為地表深度 2.5 m 至 2.5 + 3.24 = 5.74 m。

（三）欲使用該範圍之 N_{60} 推估所需土壤摩擦角 φ'，可使用 Schmertmann (1975) 提出之 N_{60}、σ_0'、φ' 三者存在一定關係，其近似關係式（Kulhawy & Mayne, 1990）為：

$$\varphi' = tan^{-1}\left[\frac{N_{60}}{12.2 + 20.3\left(\frac{\sigma_0'}{p_0}\right)}\right]^{0.34} \quad \text{其中 } p_0 \text{ 為大氣壓力}$$

或使用$(N_1)_{60}$來推估，惟需再進行覆土有效壓力之修正。就粒狀土壤而言，N 值受有效覆土壓力σ_0'之影響。因此，於不同的有效覆土壓力下所測得之現地探測 N_{60} 值，須修正至 σ_0' 之標準值，即：$(N_1)_{60} = C_N N_{60}$。

其中C_N：修正因子

$\quad(N_1)_{60}$：於 σ_0' 為100 kN/m² 時之修正 N_{60} 值

（N 下標符號 "1" 代表修正相對於 1 大氣壓為100 kN/m²）

使用修正後之$(N_1)_{60}$來推估，則可使用 Peck et al. (1974) 提出 $(N_1)_{60}$ 與 φ' 之關聯圖形，後由 Wolff (1989) 提出近似關係式：

$$\varphi' = 27.1 + 0.3(N_1)_{60} - 0.0054[(N_1)_{60}]^2$$

或採用 Hatanaka and Uchida (1996) 提出之關係式：

$$\varphi' = \sqrt{15.4(N_1)_{60}} + 20$$

或採用下表推估有效摩擦角φ'

砂土N_{60}、$(N_1)_{60}$與φ'、相對密度$D_r(\%)$之關係

N_{60}	$(N_1)_{60}$	φ'(degree)	近似相對密$D_r(\%)$	
< 4	< 3	< 28	$0 - 15$	非常疏鬆
$4 - 10$	$3 - 8$	$28 - 30$	$15 - 35$	疏鬆
$10 - 30$	$8 - 25$	$30 - 36$	$35 - 65$	中等緊密
$30 - 50$	$25 - 42$	$36 - 41$	$65 - 85$	緊密
> 50	> 42	> 41	$85 - 100$	非常緊密

Terzaghi & Peck (1948); Gibb & Holtz (1957); Skempton (1986); Peck et al. (1974)

（四）如基於容許沉陷量S_e考量之砂土容許承載壓力，Bowles (1977)提出：

$$q_{net}(kPa) = 19.16N_{60}F_d(\frac{S_e}{25}) \qquad B \leq 1.22m$$

$$q_{net}(kPa) = 11.98N_{60}(\frac{3.28B + 1}{3.28B})^2 F_d(\frac{S_e}{25}) \qquad B > 1.22m$$

其中 $F_d = 1 + 0.33(D_f/B)$

Chapter 4 椿 基 礎 重點內容摘要

（一）單樁極限承載力：$Q_u = Q_p + Q_s$

　　1. 黏土層：

　　　（1）$\alpha - method$：$Q_u = c_u N_c^* A_p + \alpha c_u A_s$

　　　（2）$\beta - method$：$Q_u = c_u N_c^* A_p + \beta \sigma_v' A_s = c_u N_c A_p + K_s \tan \varphi' \sigma_v' A_s$

　　　（3）$\lambda - method$：$Q_u = c_u N_c^* A_p + \lambda (\sigma_v' + 2c_u) A_s$

　　　☞ 黏土層樁底點承力之 N_c^* 一般常取為 9

　　2. 砂土層：$Q_u = \sigma_v' N_q^* A_p + \sigma_v' K_s \tan \delta A_s$

　　　若臨界深度 20B，$K_s \sigma_v' \tan \delta \le K_s \sigma_{20B}' \tan \delta$，$\sigma_v' N_q^* \le \sigma_{20B}' N_q^*$

（二）垂直支承力安全係數

推估方法　　　載重狀況	椿載重試驗	推估公式
平時	2	3
地震時	1.5	2

（三）單樁容許拉拔力計算 $R_a = W_p + \dfrac{1}{FS} f_s A_s$

以樁載重試驗計算單樁容許拉拔力 $R_a = W_p + \dfrac{(Q_{ut} - W_p)}{FS}$

（四）拉拔力安全係數

推估方法　　　載重型態	椿載重試驗	推估公式
短期載重	1.5	3
長期載重	3	6

（五）黏土層群樁極限承載力：$Q_{gu} = \left[Q_{g1}, Q_{g2}\right]_{\min}$

    1. 考量整體基礎塊：$Q_{g1} = 2c_u\left(B_g + L_g\right)D_f + c_u N_c^*\left(B_g L_g\right)$

    2. 考量各單樁累計：$Q_{g2} = n\left(Q_p + eQ_s\right)$

$$e = 1 - \frac{\theta}{90}\frac{m(n-1)+n(m-1)}{mn} \quad , \quad \theta = \tan^{-1}\frac{B}{S}$$

一、請回答下列問題：

（一）在何種狀況下基礎會使用基樁？（15 分）

（二）依施工方式，試說明基樁之兩大種類為何？並說明其施工方式與特性。（10 分）

（106 高考-土壤力學#3）

參考題解

（一）基樁使用時機

1. 淺層為軟弱土壤，傳遞結構物荷重至承載層。

2. 表層土壤有液化之虞。

3. 避免基礎差異沉陷。

4. 基礎須抵抗水平力或上揚力。

5. 避免沖刷的危險。

6. 增加高樓穩定性。

（二）依施工方式，基樁可分為打入式基樁及鑽掘式基樁兩大種類

1. 打入式基樁：採用打擊方式將基樁埋置於地層中者。

   特性：打入式樁於打擊過程中產生大位移者，因打樁振動及樁體貫入擠壓之影響，樁間土壤若為砂土層，則砂土將更趨於緊密，使樁群之支承力遠大於各樁單樁支承力之總和。打設於粘土層中樁行為則較為複雜，樁周附近黏土受樁體貫入擠壓及打樁擾動之影響而產生超額孔隙水壓，此水壓將隨時間而逐漸消散，土壤強度亦隨之粘土之復原性及壓密效應漸遞恢復，因此粘土層中打入式基樁之支承力通常隨時間增長而昇高。此外，於飽和粘土層中密集打設基樁，亦容易造成鄰樁上浮之情形，若打設完成後未執行檢測及再次打擊，則可能因樁底懸空而失去端點支承力。

2. 鑽掘式基樁：採用鑽掘機具依設計孔徑鑽掘樁孔至預定深度後，吊放鋼筋籠，安裝特密管，澆置混凝土至設計高程而成者。

   特性：鑽掘式基樁施工後，鑽孔內之碎屑將沉積於孔底形成底泥，其清理相當費時、費事，若因疏忽而未加以清除乾淨，將使得原設計時預期之樁底端點支承力無法發揮出來。基樁底部土層之水壓若高於鑽掘孔內之水壓，即可能在基樁底部產生局部管湧現象，樁底土壤受破壞後將失去端點支承力。台灣地區之沖積平原常為砂與粘

土之互層，若採用全套管樁方式施工時，很容易發生此種情形。此外，於近山地帶，若地層中有壓力水層存在，則不論是採全套管或反循環之施工方式都很容易發生這種情形。

不論打入式樁或鑽掘式樁之施工都將對周邊環境產生影響，如噪音、振動、地層變位等，規劃、設計時應就周邊環境條件審慎選擇適宜之樁種，以減少實際施工時之影響或避免因無法施工而臨時變更樁種。依規範所述於台灣西部海岸之海埔新生地打設 PC 樁時之實際振動監測結果，顯示打樁所引起之地盤振動可傳至相當遠之距離，在採用 PC 樁時應特別注意打樁振動對周邊環境之影響。

二、一個 800 kN 的垂直壓力作用在一 400 mm 直徑，15 m 長之鋼管樁，其土層之剖面如下圖所示。樁身所受之點淨承載與樁壁之摩擦已標示於圖上。請計算安全係數在 3 的情況下，樁的工作承載力。該樁之設計是否得當？（25 分）

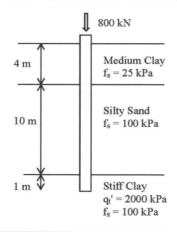

（106 三等－土壤力學與基礎工程#4）

參考題解

單樁極限承載力 $Q_{ult} = Q_p + Q_s = q_t' A_p + \sum f_s A_s$

其中 $A_p = \dfrac{\pi D^2}{4}$ ， $A_s = \pi D \times L_i$

$Q_{ult} = \dfrac{\pi \times 0.4^2}{4} \times 2000 + \pi \times 0.4 \times 4 \times 25 + \pi \times 0.4 \times 10 \times 100 + \pi \times 0.4 \times 1 \times 100$

得 $Q_{ult} = 1759.29kN$

單樁容許承載力 $Q_a = \dfrac{Q_{ult}}{FS} = \dfrac{1759.29}{3} = 586.43kN < 800kN$ ，NG

該樁設計不當。

三、（一）試述樁載重試驗有何目的？（10分）

（二）列舉兩種加載方式，及如何施作此項試驗？（15分）

（108 高考-土壤力學#4）

參考題解

（一）基樁載重試驗目的為求取或推估單樁於實際使用狀態或近似情況下之載重-變形關係，以獲得判斷基樁支承力或樁身完整性之資料。（基礎規範 5.7.1）

（二）加載方法依據美國材料試驗學會 ASTM D1143 及 CNS12460 規定，有多種方法，列舉及簡要說明如下（依題目僅需列舉出 2 種）：

1. 標準加載法（Standard Loading Procedure）：對於單樁，施加載重至設計載重之 2 倍（200%），分成 8 階段進行，每階段載重增量為設計載重之 25%，並得保持每一增量，直至沉陷速率小於標準或 2 小時。至最大載重，停留 12 小時（沉陷速率小於標準）或 24 小時解壓。解壓每次可移去最大載重 25%，每階停留 1 小時。

2. 固定時間之間隔施加載重法（等時距加載法）：程序如標準加載法，惟單樁加壓時以設計載重之 20% 為增量，每一增量保持 1 小時，解壓時亦同。

3. 反覆施加載重法（循環加載，cyclic loading）：將單樁施加載重至設計載重之 200% 分成 8 等分，每等分為設計載重 25%，分成多個循環加載再卸載，各循環加載最高點分別為 50%、100%、150% 及 200%。

4. 單樁固定貫入速率施加載重法（等速貫入，constant rate of penetration）：以等沉陷速率貫入土中，改變施加載重大小，以維持貫入速率，黏土及粗顆粒土壤有不同速率規定。

5. 單樁快載重試驗法（quick loading）：以設計載重的 10%～15% 惟增量施加載重，每一增量保持 2.5 分鐘或其他規定，直至施加載重設備之容量或千斤頂需持續上頂才能維持試驗載重。

6. 單樁固定沉陷增量之施加載重法（沉陷控制法，settlement controlled）：每次施加載重增量以使樁產生約樁徑之 1%，維持載重增量直至載重速率於每小時小於所施加載重之1% 為止，再進行下一增量，最後達樁總沉陷量約等於樁徑之10% 或達施加載重設備之容量。

四、某 20 m 長之實心混凝土樁，樁徑 60 cm，打進兩層飽和黏土中，如圖所示。樁身摩擦力採用總應力 α 方法計算，設當不排水剪力強度 Su = 70 kPa 時，α = 0.55；當 Su = 200 kPa 時，α = 0.48。另樁底承載應力因子 Nc = 9.0。在分別考慮樁身摩擦力及樁底之極限承載力之貢獻後，計算該樁總極限承載力為何？（25 分）

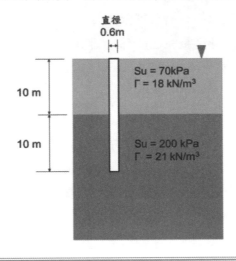

（109 高考–土壤力學#4）

參考題解

題型解析	基樁承載力計算
難易程度	簡單入門題型
講義出處	109 基礎工程 P.139 類似題：例題 6-3、6-4、6-7

α 法：

當不排水剪力強度 S_u = 70kPa，α = 0.55

當不排水剪力強度 S_u = 200kPa，α = 0.48

$\Rightarrow Q_s = \sum \alpha c_u A_s$

$= 0.55 \times 70 \times (\pi \times 0.6 \times 10) + 0.48 \times 200 \times (\pi \times 0.6 \times 10)$

$= 725.71 + 1809.56 = 2535.27 kN$

$\Rightarrow Q_p = c_u N_c^* A_b$，其中基樁 $N_c^* = 9$

$\Rightarrow Q_p = c_{u2} N_c^* A_b = 200 \times 9 \times \dfrac{\pi \times 0.6^2}{4} = 508.94 \ kN$

$\Rightarrow$ 總極限承載力 $Q_u = Q_s + Q_p = 2535.27 + 508.94 \ = 3044.21 \ kN……Ans.$

五、某大樓新建工程地下開挖 6.0 m，以 12.5 m 深連續壁當擋土壁體，距離連續壁 1 m 處有 5 樓透天厝（獨立基腳），如圖(a)所示。基地地質鑽探報告，如表(a)所示，工地為防連續壁挖掘時損及鄰房，故欲在鄰房每根柱子施做 2 支直徑 40 cm 的 CCP（或 JGP、JSP）等高壓噴射成型樁，至 GL-13.5 m 單軸抗壓強度 q_u = 4900 KN/m²，請分析：

（一）研判砂土地盤中 CCP（或 JGP、JSP）等高壓噴射成型樁在表(b)中樁載重設計，較屬何種類型的樁？（2 分）

（二）CCP 托基樁之土壤支撐有效深度起點為地表下多少公尺處？（5 分）

（三）2 支 CCP 樁分擔的鄰房載重？（2 分）

（四）單支 CCP 樁土壤承載力？（10 分）

（五）2 支 CCP 樁支承鄰房的安全系數 Fs = ？（2 分）

（六）CCP 樁是否會被壓碎？（3 分）壓碎的安全係數 Fs = ？（2 分）

註：1. 每一樓層單位面積活載重及呆載重共計 9.8 KN/m²。

2. 連續壁挖掘時，土壤短期主動破壞面假設為 45°。

3. CCP 樁屬高壓噴射強制攪拌樁，成型樁如照片 1 所示。

4. 單樁極限承載重 $Q_{ult} = Q_s$（樁表皮摩擦阻力）$+ Q_p$（樁端點抗力）

（1）粘性土壤 $Q_s = 0.45 \cdot S_u{}' \cdot \Sigma a_s \cdot L$

$Q_p = 9 \cdot S_u \cdot A_p$

式中：$S_u{}'$：為樁身表皮土壤短期不排水剪力強度，請用單軸抗壓強度分析

$$q_u = \frac{98N_{SPT}}{8} \text{(KN/m}^2\text{)} \text{ [Terzaghi \& Peck (1967)]。}$$

S_u：為樁端土壤短期不排水剪力強度，請用單軸抗壓強度分析

$$q_u = \frac{98N_{SPT}}{8} \text{(KN/m}^2\text{)} \text{ [Terzaghi \& Peck (1967)]。}$$

Σa_s：單位深度樁表皮面積（m²）

L：樁身有效入土深度（m）

AP：樁端橫斷面積（m²）

（2）砂性土壤 $Q_{ult} = Q_s$（樁表皮摩擦阻力）$+ Q_P$（樁端點抗力）

$Q_s = f_s \cdot \Sigma a_s \cdot L$

$Q_p = q_b \cdot A_p$

Q_s 之 f_s 與 q_b，如表(b)所示。

表(a) C 基地地質鑽探報告

名稱： 新建地質鑽探工程　　　　　孔　號：B 25　　　　鑽探日期：83.4.16 20
地點：高雄市鹽埕區　　鑽探深度：106m　　　　地下水位：-5.21m　　　試驗時間：

鑽 探 部 分				試	驗				部							分	
土樣編號	深度 m	N Bolw/Ff	柱狀圖	地 質 說 明	分類	顆 粒 分 析			比重	自然含水量 (%)	當地密度 g/cc	孔隙比 e	液性限度 L.L.	塑性限度 P.L.	塑性指數 P.I.	無圍壓縮強度 T/m²	容許承載力 Qa(T/m²)	內摩擦角 φ
						礫石	砂	細粒										
																承載力未考慮沉陷因素		
S-1	1 2	1		回填、黃灰色細砂夾粘土 1.24m	ML	0	22.8	77.2	2.72	27.1	1.82	0.90	--	NP	--	--	5.1	--
S-2	3	1		灰褐色粘土土質粉砂 3.42m	ML-CL	0	25.4	74.6	2.72	30.5	1.74	1.48	28.7	23.2	5.5	--	1.7	--
S-3	4 5	2		灰褐色粘土質粉砂夾螺層	ML	0	29.6	70.4	2.72	26.0	1.81	0.91	--	NP	--	--	5.3	--
S-4	6	3			ML	0	34.1	65.9	2.72	29.3	1.83	0.92	--	NP	--	--	5.6	--
S-5	7 8	3		7.85m	ML	0	37.6	62.4	2.27	27.9	1.82	0.91	--	NP	--	--	5.5	--
S-6	9	4		灰褐色粘土質粉砂或粉粉砂質粘土 10.32m	CL	0	13.9	86.1	2.73	30.0	1.86	0.91	30.5	22.7	7.8	--	6.9	--
S-7	10 11	14		棕灰色粘土質中細砂	SM	0	62.5	37.5	2.71	23.0	2.07	0.61	--	NP	--	--	16.4	31.0
S-8	12	12		12.69m	SM	0	58.7	41.3	2.71	23.2	2.05	0.63	--	NP	--	--	13.3	30.4
S-9	13 14	14		灰褐色粘土質中細砂	SM	0	70.3	29.7	2.70	22.7	2.11	0.57	--	NP	--	--	16.1	30.9
S-10	14	14		15.00m	SM	0	73.5	26.5	2.70	22.5	2.13	0.55	--	NP	--	--	15.9	30.9

表(b) 砂性土壤基樁最大表皮摩擦阻力及樁端點極限支承力

支承力	打入式基樁	鑽掘式基樁	植入式基樁	
			預鑽孔工法	中掘工法
f_s	N/3(≤15)	不使用皂土液 N_{ave}/3(≤15) 使用皂土液 N_{ave}/5(≤10)	N/5(≤15)	1.5
q_b	30 N_p	7.5 N_p	25 N_p	25 N_p

註： 表中 N_p 值均採樁端點上方 4 倍樁徑範圍內土壤平均 N 值與樁端下方 1 倍樁範圍內土壤平均 N 值之平均值，其值均不得超過 50。（表中值單位為 t/m²）換算 SI 制需乘上 9.8 KN。

照片 1 CCP 樁高壓噴射強制攪拌成型樁

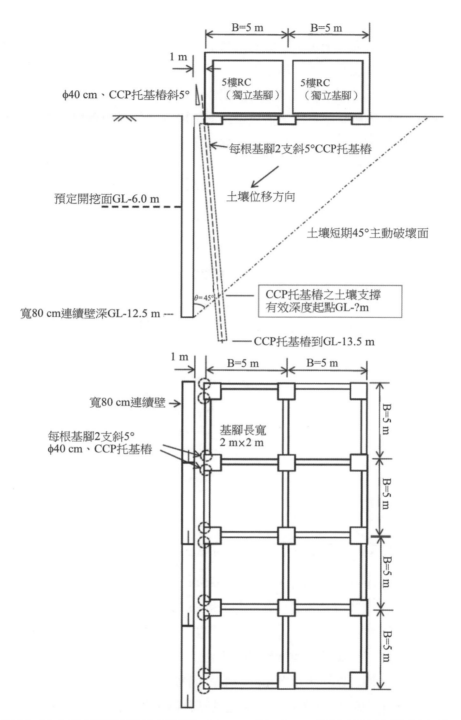

圖(a) 某大樓新建工程地下開挖 6.0 m，以 12.5 m 深連續壁當擋土壁體，
距離連續壁 1 m 處有 5 樓透天厝（獨立基腳）

（110 高考-土壤力學#4）

參考題解

類似此種涉及設計實務之題目，使用參數的依據不見得人人一樣、切入與分析的角度更是不同，本題解僅供參考，請理解這不見得是唯一解。

（一）高壓噴射成型樁係使用鑽孔機鑽孔至所期的深度後，從裝置在鑽桿下端之特殊噴射裝置，以超高壓幫浦壓送硬化劑，並以所定之速度旋轉，拔起鑽桿，使在目的的改良區域造成圓柱狀的固結體，以達到地盤改良或止水效果者，故比較上來說係傾向於鑽掘式基樁（且不使用皂土液）。

（二）計算 CCP 基樁之土壤支撐有效深度起點

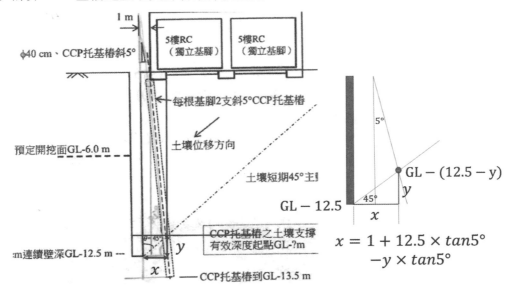

如上圖

$$tan45° = 1 = \frac{y}{x} = \frac{y}{1 + (12.5 - y) \times tan5°}$$

$$1 + (12.5 - y) \times tan5° = y \Rightarrow y = 1.925m$$

CCP 托基樁之土壤支撐有效深度起點為 $GL - (12.5 - 1.925)$

$$= GL - 10.575m............Ans.$$

（三）2 支 CCP 基樁分擔的鄰房載重（容許應力法）

假設基礎未存在偏心狀況，且各樓版之間的兩獨立基腳承受來自上方傳遞的荷重（樓板間荷重採半半分配），荷重由每個獨立基腳分擔承受（即 2 支 CCP）

已知左單側樓版之左半部荷重 $Q = 9.8 \times 5 \times (5 \times 20)/2 = 2450kN$

鄰近開挖側每個獨立基腳 $Q_F = 2450/5 = 490kN ....Ans.$

（四）單支 CCP 基樁土壤承載力

考慮滑動效應，破壞區土壤不可靠，無法提供摩擦阻抗，故計算 CCP 托基樁承載力僅考慮計算滑動面以外之有效長度：

依前面計算所得有效深度起點為 $GL - (12.5 - 1.925) = GL - 10.57m$

$GL - 10.57m \sim GL - 13.5m$ 坐落在砂土 SM，N 值分布 14~12~14，取平均值為

$N_{ave} = 13.33$

有效長度 $(13.5 - 10.57)/cos5° = 2.94m$

$$N_P = (13.33 + 14)/2 = 13.67$$

$$q_b = 7.5N_P \times 9.8 = 7.5 \times 13.67 \times 9.8 = 1004.75 kN/m^2$$

$$Q_b = q_b \times A_b = 1004.75 \times \frac{\pi}{4} \times 0.4^2 = 126.26 kN$$

$$f_s = N_{ave}/3 = 4.44(< 10, ok) \ t/m^2 = 43.54 kN/m^2$$

$$Q_s = f_s \times A_s = 43.54 \times (\pi \times 0.4 \times 2.94) = 160.88 kN$$

$$Q_u = Q_s + Q_b = 160.88 + 126.26 = 287.14 kN$$

$$Q_{u,v} = Q_u \times cos5° = 187.14 \times cos5° = 286.05 kN \dots\dots\dots Ans.$$

（五）兩支 CCP 基樁支撐鄰房的安全係數

$$FS = \frac{Q_{u,v} \times 2}{Q_F} = \frac{286.05 \times 2}{490} = 1.17 \dots\dots\dots Ans.$$

（六）CCP 基樁是否壓碎及其安全係數

每支 CCP 承受 $= Q_F/2 = 490/2 = 245 kN$

每支 CCP 承受 $q = 245 \times cos5° / \left(\frac{\pi}{4} \times 0.4^2\right)$

$$= 1942.23 kN/m^2 < q_u = 4900 kN/m^2 \quad 不會壓碎$$

安全係數 $FS = \frac{4900}{1942.23} = 2.52 \dots\dots\dots Ans.$

六、請回答下列有關場鑄樁之問題：（25 分）

（一）圖所示之圓形場鑄樁埋在不同強度之黏土層，已知樁長 L 為 12 m、樁徑 D 為 1 m。黏土層之剪力強度採用飽和黏土試體，分別進行三軸不壓密不排水試驗（Unconsolidated-Undrained Test）與無圍壓縮試驗（Unconfined Compression Test），試驗獲得之土壤凝聚力（c）、摩擦角（φ）與無圍壓縮強度（q_u）亦示於圖中，請採用α法預測該支樁之容許摩擦力（kN）。（安全係數FS = 3.0；α = 0.21 + 0.26/(c_u/P_a)、c_u 為黏土不排水剪力強度、P_a 為一大氣壓 = 101.3 kN/m²）

（二）欲採用現場樁載重試驗之結果以評估該支基樁於各黏土層之實際摩擦力，說明需藉由樁載重試驗獲得那些資料？並請詳述評估各土層摩擦力之步驟。

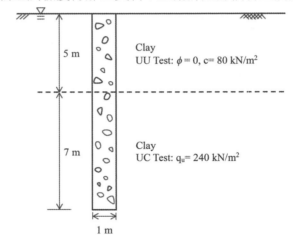

Clay
UU Test: $\phi = 0$, c= 80 kN/m²

Clay
UC Test: q_u= 240 kN/m²

5 m

7 m

1 m

（110 土技-大地工程學#2）

參考題解

題型解析 難易程度	第 1 小題為評估位於黏土層之樁基礎極限（或容許）摩擦力之常見考題，屬於簡易題型。 第 2 小題主題為樁基礎載重傳遞機制，已多年不見於相關國家考試，又非屬單一土層，屬於冷門難度高之題型。
講義出處	110（一貫班）基礎工程 P.276 例題 6-3、P.277 例題 6-4 等類似題 110（一貫班）基礎工程 6.3 樁載重傳遞機制（P.253）應用

（一）已知 $\alpha = 0.21 + 0.26/(c_u/P_a)$

土層一 $\alpha_1 = 0.21 + 0.26/(80/101.3) = 0.54$

土層二 $\alpha_2 = 0.21 + 0.26/((240/2)/101.3) = 0.43$

極限摩擦力$Q_{u,s} = \sum \alpha c_u A_s = 0.54 \times 80 \times (\pi \times 1 \times 5) + 0.43 \times 120 \times (\pi \times 1 \times 7)$

$= 678.58 + 1134.74 = 1813.32\text{kN}$

容許摩擦力$Q_{a,s} = Q_{u,s}/FS = 1813.32/3 = 604.44\text{kN}$...............Ans.

（二）已知一般基樁載重傳遞發展順序：

1. 當載重小於樁身極限摩擦力時，此時基樁傳遞之載重完全由樁身摩擦力來承受，且此時樁身摩擦力尚未發展到極限，相對應的樁身變位量仍小($\Delta <$ (0.5%~1.0%)D)，如圖①。

2. 當載重增加至等於樁身極限摩擦力時，此時基樁傳遞之載重完全由樁身摩擦力來承受，且此時樁身摩擦力已發展到極限，相對應的樁身變位量 $\Delta =$ (0.5%~1.0%)D，如圖②。

3. 當載重持續增加且大於樁身極限摩擦力時，此時基樁傳遞之載重除了由樁身極限摩擦力來承受外，樁端土壤也開始承受部分載重、但此時樁端承載力尚未發展到極限，相對應的樁身變位量 $\Delta >$ (0.5%~1.0%)D，但$\Delta <$ 0.1D，如圖③。

4. 當載重大於樁身極限摩擦力且持續增加，相對應的樁身變位量 $\Delta \geq$ 0.1D時，此時基樁傳遞之載重除了由樁身極限摩擦力來承受外，樁端承載力亦達到極限，如圖④。

基樁載重傳遞發展順序

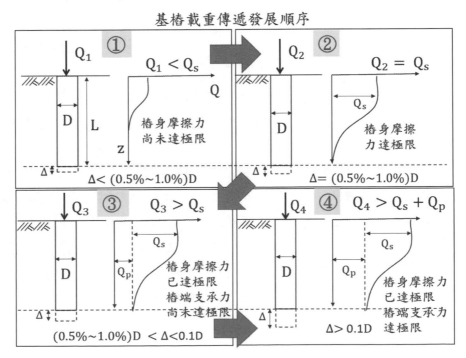

利用上述觀念，本題基樁埋置土層有 2 層黏土層，欲評估該支基樁於各黏土層之實際摩擦力，則需利用上述 1.、2.之內容觀念來解析步驟如下：

（1）欲利用樁載重試驗求得相關個別土層實際摩擦力，則須於在放置鋼筋籠前規劃設置相關觀測設備，尤其在對應土層一及土層二之位置（即 GL-5m）、土層二底部之位置（即 GL-12m）。設置觀測設備包括樁頭水準測量點、測微計、埋置式鋼筋應變計（量測鋼筋應力）、多點式變位指示計（量測樁身軸向變位）及樁底荷重計（量測樁底載重），如下圖所示。其中應變計與多點式變位指示計之埋設應配合土層之層次變化，並且以能定義出軸力分布曲線為原則。每處應變計應至少埋置對稱 2 組，但考慮載重可能偏心或儀器可能故障問題，則以每處埋置對稱 4 組為佳。

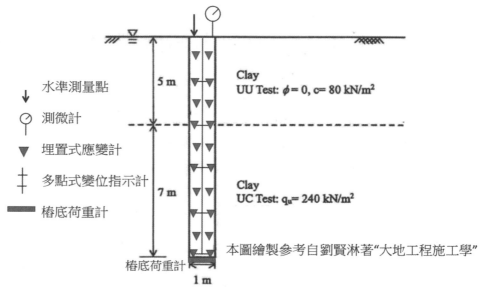

（2）進行樁載重試驗時，初期當荷重逐漸增加，此階段荷重係完全由（a）樁本身變形受力及（b）第一層黏土提供摩擦阻抗，故此時 GL-5 m 鋼筋應變計讀取值為零。

（3）當荷重持續增加，一直到 GL-5 m 鋼筋應變計開始讀取到變化值時，代表此時（a）樁本身變形受力及（b）第一層黏土提供摩擦阻抗已達到最大值，此時外加的載重Q_1扣除樁變形受力F_1後，即可視為第一層黏土的摩擦阻抗（摩擦力）$Q_{S1} = Q_1 - F_1$。

（4）接續荷重持續增加，一直到 GL-12 m 鋼筋應變計開始讀取到變化值時，代表此時（a）樁本身變形受力及（b）第二層黏土提供摩擦阻抗，亦已達到最大值，此時外加的載重Q_2扣除第一層黏土的摩擦阻抗（摩擦力）Q_{S1}及此時的樁變形受力$F_1 + F_2$後，即可視為第二層黏土的摩擦阻抗（摩擦力）$Q_{S2} = Q_2 - Q_{S1} - F_1 - F_2$。

七、有一長度 12 m，直徑 60 cm 之圓形預鑄混凝土基樁，如下圖所示，貫入於 6 m 厚之砂土層及其下之黏土層中，地下水位於地表面。已知砂土層之 $c' = 0$ kN/m², $\phi' = 32°$, $\gamma_{sat} = 19.2$ kN/m³，而黏土層之 cu = 100 kN/m², $\gamma_{sat} = 18.9$ kN/m³。使用安全係數 FS = 3 進行下列計算：（25 分）

（一）請計算此基樁之容許垂直支承力；

（二）請計算此基樁之容許拉拔力。

註：1. 假設此基樁之側向土壓力係數 $K = 1.4 \, K_o$。

2. 假設砂土-混凝土基樁之摩擦角 $\delta' = 0.8 \, \phi'$。

3. 於考慮基樁表面附著力時，α 值假設為 0.65。

4. 於 $\phi = 0°$ 時，假設基樁承載值因數 $N_C^* = 9$。

5. 混凝土基樁單位重 = 24 kN/m³。

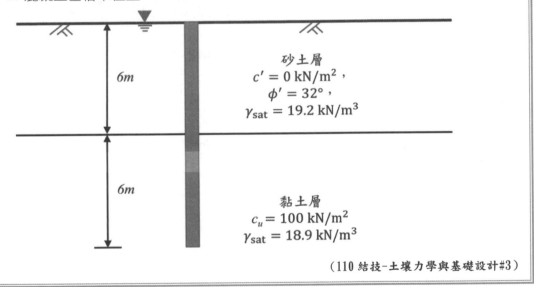

砂土層
$c' = 0$ kN/m²，
$\phi' = 32°$，
$\gamma_{sat} = 19.2$ kN/m³

黏土層
$c_u = 100$ kN/m²
$\gamma_{sat} = 18.9$ kN/m³

（110 結技-土壤力學與基礎設計#3）

參考題解

（一）基樁之容許垂直支承力

基樁樁身摩擦力 Q_s

側向土壓力係數 $K = K_0 = 1 - \sin\varphi' = 0.47$

土壤與基樁介面摩擦角為 $\delta = 0.8\varphi' = 25.6°$

依據「建築物基礎構造設計規範」取樁身摩擦力在砂土層的臨界深度為

$L_{cr} = 20D = 12m > 6m$ $\implies$ 砂土層不考慮臨界深度效應

$Z = 6m: \sigma_v' = 19.2 \times 6 - 9.81 \times 6 = 56.34 kPa$

$\tan\delta = \tan(0.8\varphi') = 0.479$

$Ktan\delta = 0.47 \times 0.479 = 0.22513$

$Z = 6m: f_{s1} = Ktan\delta\sigma'_v = 0.22513 \times 56.34 = 12.68kPa$

砂土層 $Q_{s1} = \frac{1}{2}(12.68) \times (\pi \times 0.6 \times 6) = 71.70kN$

黏土層 $f_s = \alpha c_u = 0.65 \times 100 = 65kPa$

黏土層 $Q_{s2} = 65 \times (\pi \times 0.6 \times 6) = 735.13kN$

$Q_p = 9 \times 100 \times \left(\frac{\pi \times 0.6 \times 0.6}{4}\right) = 254.47kN$

椿身極限垂直承載力 $Q_u = Q_{s1} + Q_{s2} + Q_p$

$$= 71.70 + 735.13 + 254.47 = 1061.3 \ kN$$

容許垂直承載力 $Q_{all} = Q_u/FS = 1061.3/3 = 353.77kN$................Ans.

（二）基椿之容許拉拔力：分析時只考慮椿身摩擦力及椿有效重量的貢獻

$$W' = (24 - 9.81) \times \frac{\pi \times 0.6 \times 0.6}{4} \times 12 = 48.15kN$$

依據「建築物基礎構造設計規範」及其解說，分析基椿拉拔力之椿身摩擦力比照受壓模式計算，惟其不可靠程度高，故長期安全係數應取 $FS = 6$

容許拉拔力 $R_{all} = W' + \frac{Q_s}{FS} = 48.15 + \frac{71.70 + 735.13}{6}$

$$= 182.62kN$$............................Ans.

Chapter 5 土壤夯實及改良
重點內容摘要

（一）相對夯實度：$R.C = \dfrac{\gamma_{d,\text{工地}}}{\gamma_{d,\max(\text{實驗室})}} \times 100\%$

（二）零空氣孔隙曲線：飽和度 $S = 100\%$，土壤乾單位重與含水量對應之曲線，利用

$\gamma_d = \dfrac{\gamma_m}{1+w} = \dfrac{\gamma_s}{1+e}$ 及 $w = \dfrac{Se}{G_s}$ 關係式求解。

參考題解

一、現場夯實土壤因日曬、風吹蒸發，土壤很難控制之含水量 w_{OMC}，故填土工程設計之工地密度為 0.95 或 $0.98\gamma_{d,max}$，試依夯實土壤工程特性（乾側、濕側夯實）如圖 1-1 及表 1-1 所示，請定出表 1-2 各工程夯實規範（需標準夯實或改良夯實、乾側含水量或濕側含水量及設計要求重點，如要求承載力、要求排水性、要求自癒性…）。（請繪表 1-2 作答）（20 分）

註 1： 施工規範設計原則為依據下面特性而定：

1. 要求強度：則設計採改良型（高能量）夯實、乾側含水量。

2. 要求排水：則設計採乾側含水量。

3. 要求承載力：則設計採改良型（高能量）夯實、乾側含水量。

4. 怕過度夯實，土壤失去粘著力：則設計採標準型（低能量）夯實。

5. 要求粘土自癒性（Self healing）則設計採標準型（低能量）夯實規範、濕側含水量。

註 2： 粘土自癒性（Self healing）為粘土在外力作用下產生微裂縫，可依粘土的粘著性而自行癒合的特性。但粘土必須存在塑性狀態，故含水量應在塑性限度與液性限度之間，即 LL≧ω≧PL，而只有在濕側夯實粘土才有自癒性，其在粘土壩心為非常重要的工程特性。

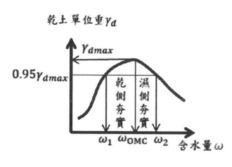

圖 1-1 夯實曲線

表 1-1 夯實土壤工程特性		
工程特性	乾側夯實$(\omega_1 \sim \omega_{OMC})$	濕側夯實$(\omega_{OMC} \sim \omega_2)$
孔隙比 e	大	小
透水性 k	大	小
壓縮性 ΔH	小	大
自癒性	無	有
應力-應變 $(\sigma-\varepsilon)$	脆性土壤	塑性土壤
浸水後強度	損失大	損失小
吸水後	乾縮量小	乾縮量大

表 1-2 夯實土壤設計之施工規範（1 格 1 分，各格答案少寫與多寫不給分）

工程項目	改良型/標準型	乾側/濕側	要求設計重點
1.整地工程			
2.道路工程			
3.機場跑道			
4.擋土牆背填土			
5.土壤 粘土壩心（純粹擋水）	（標準型）		
壩殼（土石壩之結構體抵抗外力）			
濾層砂（純粹排水）			

（106 結技-土壤力學與基礎設計#1）

參考題解

工程項目	改良型／標準型	乾側／濕側	要求設計重點
1.整地工程	標準型	乾側	承載力
2.道路工程	改良型	乾側	承載力
3.機場跑道	改良型	乾側	承載力
4.擋土牆背填土	標準型	乾側	排水性
5.土壤 黏土壩心（純粹擋水）	標準型	乾側	自癒性
壩殼（土石壩之結構體抵抗外力）	改良型	濕側	強度
濾層砂（純粹排水）	標準型	乾側	排水性

二、某路面設計需要基底層土壤填方，今有基底層借土區土壤經由下列夯實試驗，請繪夯實曲線（5 分），並求 $\gamma_{d,max}$、ω_{OMC}（5 分）及請問工地密度百分比應要求多少？（5 分）

試驗	試體 1	試體 2	試體 3	試體 4	試體 5
乾土單位重 γ_d (kN/m³)	17.2	18.2	18.6	18.3	17.3
含水量 ω(%)	8.0	10.0	12.0	16.0	18.0
CBR(%)	4.0	9.0	12.0	11.0	7.0

（106 結技-土壤力學與基礎設計#2）

參考題解

依資料繪夯實曲線如下：

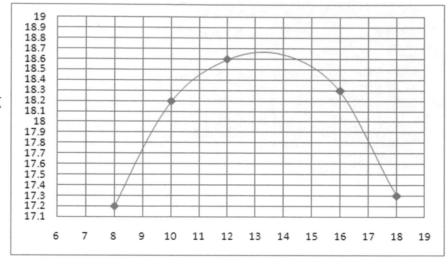

由圖可得夯實後之最佳含水量 $\omega_{OMC} = 13.5\%$

最大乾單位重 $\gamma_{d,max} = 18.68\,kN/m^3$

以 CBR 值對應夯實曲線，內插方式得最佳含水量時，$CBR_{OMC} = 11.63$

設計填方 $CBR = 10$

工地密度百分比要求：$\dfrac{CBR}{CBR_{OMC}} = \dfrac{10}{11.63} \times 100\% = 86\%$

應要求 86%以上

三、從一個土壤的標準夯實試驗中，所得到的結果如下表所示：

試體質量（含水）(g)	2010	2092	2114	2100	2055
含水量（%）	12.8	14.5	15.6	16.8	19.2

該土顆粒之比重（specific gravity）為 2.67，請畫出「乾單位重」對「含水量」之圖，並找出該土壤夯實後之最佳含水量（optimum water content）與最大乾單位重（maximum dry unit weight）。夯實試驗之模具體積為 1000 cm³。（25 分）

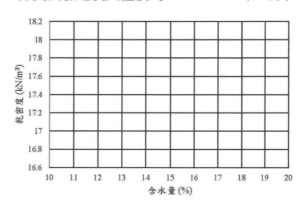

（106 三等-土壤力學與基礎工程#3）

參考題解

濕土單位重 $\gamma_m = W/V$ ，$V = 1000\ cm^3$ ，W 為試體含水質量，如格內數值

乾單位重 $\gamma_d = \gamma_m/(1+w)$ ，可計算得個試體乾單位重如下：

試體質量（含水）(g)	2010	2092	2114	2100	2055
含水量(%)	12.8	14.5	15.6	16.8	19.2
$\gamma_m\ (g/cm^3 = t/m^3)$	2.010	2.092	2.114	2.100	2.055
$\gamma_d\ (g/cm^3 = t/m^3)$	1.782	1.827	1.829	1.798	1.724
$\gamma_d\ (kN/m^3)$	17.464	17.905	17.924	17.620	16.895

畫出「乾單位重」對「含水量」之圖如下：

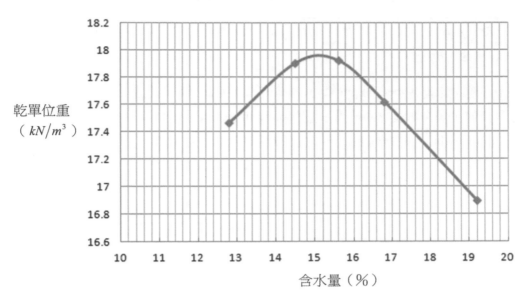

由圖可得夯實後之最佳含水量 $w_{OMC} = 15.1\%$

最大乾單位重 $\gamma_{d,\max} = 17.93\,kN/m^3$

四、在高雄某地海邊抽砂回填之新生地，於未蓋廠房之前，擬先進行動力夯實（Dynamic Compaction）的工作：

（一）試問動力夯實之目的與方法為何？（15 分）

（二）其適用之地基特性為何及可改善處理的有效深度大約多深？（10 分）

（108 土技－大地工程學#2）

參考題解

題型解析 難易程度	簡單、施工學題型
講義出處	108 基礎工程 附錄三建築物基礎構造設計規範之地層改良

（一）1. 動力夯實之目的：

本工法於 1970 年法國 Menard 技術公司研發，係使用吊車或吊架將一重塊吊至高處後自由落下，錘擊於欲改善的地盤面上，使地層受到高能量的撞擊壓實而改善土層的工程性質，以便增加地盤支承力，減少未來的沉陷量，初時稱為垂擊搗法（heary tamping）。主要用於砂質土壤，此後由不斷改良，目前亦可用於粉土、沉泥、粘土等細粒土，由於此法可以增進細粒土壤之壓密過程，故又稱動力壓密工法（Dynamic

Consolidation Method）。

2. 動力夯實之方法：

重塊吊升高度一般約為 10~40 公尺，重塊一般係採用鋼筋混凝土塊、或填有混凝土或砂之厚鋼殼塊，其形狀可為球體、圓柱體或立方體等，須視其重量、材質及欲處理區域地表之承載力而定，重塊之重量為 5~40 公噸。主要考慮因素包括：有效影響深度、夯擊能量、夯擊次數、夯擊遍數、間隔時間、夯擊點佈置和處理範圍等。另外，動力夯實施工時，重塊撞擊地面產生噪音及震動，必要時須挖掘槽溝，將震動產生之表面波隔離，以減輕震波引起鄰近結構物之損害。

（二）1. 適用之地基特性：高滲透性砂性土壤、低滲透性飽和黏土層

對砂性土壤而言，當受到高能量衝擊後，不飽和土壤內氣體首先被排出、形成飽和狀態，因土壤飽和而產生超額孔隙水壓，使其砂質土壤達到液化現象，而後超額孔隙水壓消散後使土層變為更緊密。另外諸如粘性土壤、非粘性土壤、岩石回填地層、海床下土壤、抽砂回填的海埔新生地、河口沖積三角洲及垃圾掩埋場的回填地等，都有使用動力夯實改良成功的工程案例。

2. 可改善處理的有效深度：7~13 公尺，以 10 公尺範圍內效果較佳

Mayne（1984）定義影響深度為可被觀察出的土層改良最大深度D_{max}

$$D_{max} = 0.5\sqrt{M \cdot h/n}$$

M：夯錘重量，單位：ton

h：落距，單位：m   n：單位係數，其值 1 ton/meter

五、針對一土壤（比重 2.70）進行標準夯實試驗（Standard Proctor Compaction test），其結果如下所示：（20 分）

濕密度γ_m（kg/m³）	1890	2080	2150	2130	1990
含水量（%）	11.3	13.7	14.8	17.1	19.6

（一）繪製乾密度與含水量關係曲線，求取最大乾密度與最佳含水量。

（二）繪製無空氣孔隙曲線（Zero air void curve）。

（三）現地夯實時，欲降低其滲透性，含水量應控制在乾側或濕側？說明其原因。

（109 土技-大地工程學#3）

參考題解

題型解析	屬夯實試驗之中等應用題型
難易程度	瞭解相關定義、小心計算及繪圖即可得分
講義出處	109（一貫班）土壤力學 4.1（P.62~64）、4.3.3（P.66~67）例題 4-2（P.69）、例題 4-4（P.72）、例題 4-5（P.73）

（一）繪夯實曲線，計算 γ_d 與零空氣孔隙曲線上之 $\gamma_d = \dfrac{\gamma_m}{1+w}$

零空氣孔隙曲線上之 $\gamma_d = \dfrac{G_s}{1+e}\gamma_w = \dfrac{G_s}{1+G_s \times w}\gamma_w$

γ_m(kg/m³)	1890	2080	2150	2130	1990
w(%)	11.3	13.7	14.8	17.1	19.6
γ_d(kN/m³)	16.66	17.95	18.37	17.84	16.32
零空氣孔隙曲線上之 γ_d(kN/m³)	20.29	19.33	18.92	18.12	17.32

將實驗結果標示於座標圖，零空氣孔隙曲線與夯實曲線如圖。

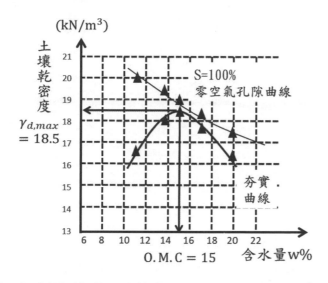

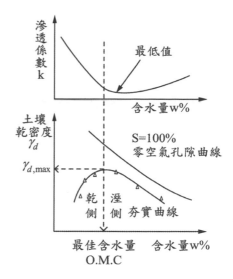

（二）由圖可粗估最大乾密度$\gamma_{d,max}$ = 18.5 kN/m³．．．．．．．．．．．Ans.

　　最佳含水量OMC = 15%．．．．．．．．．．．．．．．．．．．．．．．．．．．．．．．．．Ans.

（三）欲降低其滲透性，含水量應控制在乾側或濕側？

　　欲降低其滲透性，含水量應控制在濕側進行夯實。

　　原因：在乾側時，因含水量較低及土壤結構呈現膠凝結構，滲透性高；但伴隨含水量增加，夯實時土壤結構將逐漸變成分散結構，導致滲透性變低。而在濕側時，因含水量較高及土壤結構呈現分散結構，滲透性低；但伴隨含水量再增加，滲透性反而會緩緩增加。依據 Lambe（1958b）研究，滲透性會在略大於最佳含水量之位置附近，達到最低，如圖所示。故欲降低土壤的滲透性，應選在濕側夯實，且應控制現場含水量稍大於O.M.C（不可小於O.M.C）即可。

工程地質

Chapter **1** 工程地質及工址調查

參考題解

一、請繪圖描述地質弱面之位置與方位；（5分）試說明岩塊規模指數（Block Size Index）、
單位體積節理數（Volumetric Joint Count）、與岩石品質指標（Rock Quality Designation）
RQD 之定義。（15分）

（106 土技-大地工程學#4）

參考題解

（一）地質弱面（不連續面）常藉由走向、傾向與傾角來描述位置與方位，示意圖如下所示，
其中走向為弱面在地表面呈現的直線方向，如圖 ab 方向；傾向則垂直於走向，如圖 ce，
弱面傾斜面係依據傾向方向向下傾斜，傾斜面如圖 cd；傾角則為弱面與水平面所夾最
大銳角，如圖 ce 與 cd 的夾角 α。可用「走向/傾角」或「傾向/傾角」方式描述。

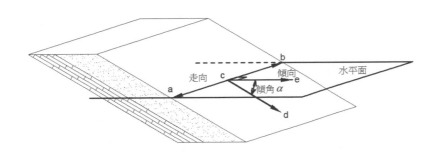

（二）岩塊規模指數：岩塊各組弱面間距的平均值，可用公式 $I_B = \dfrac{S_1 + S_2 + ... + S_n}{n}$ 表示，n 為

弱面組數，S_n 為第 n 組弱面間距。

（三）單位體積節理數：記錄岩石單位體積的節理（不連續面）數量，可用公式

$J_r = \dfrac{N_1}{L_1} + \dfrac{N_2}{L_2} + ... + \dfrac{N_n}{L_n}$ 表示，N_n 為在 L_n 長度中弱面條數，L_n 為第 n 組的調查長度。

（四）岩石品質指標：每次鑽探提取的岩心長度中，完整岩心大於 10 cm 的部分之總長度所佔鑽提長度的百分比。

$$RQD = \dfrac{\sum(>10cm岩心長度)}{岩心鑽提長度}$$

二、（一）離島金門及馬祖的花崗岩地下軍事坑道，當初國軍採用何種施工方式完成的？試說明可否像臺灣本島的山岳隧道，採用機械開挖？並敘述其理由。另連接大金門與小金門且正在施工中的金門大橋，因施作海中橋墩以下的全套管基樁，需打設入岩到新鮮花崗岩盤中，試問要入岩到新鮮花崗岩，會遭遇何種困難及解決方法為何？（15 分）

（二）若有三棟相同建築物分別蓋在傾向斷層（dip-slip faults）的上盤（hanging wall）、下盤（foot wall）及斷層線的上面，試比較住在上盤、下盤、斷層線之上面，危險程度的可能順序為何？並說明其理由。（10 分）

（108 土技-大地工程學#4）

參考題解

題型解析	難易程度：第（一）小題偏向實務，對社會新鮮人較為不利。第（二）小題屬於活用題型。
108 講義出處	工程地質 1.7.1（P.8）、3.2.12（P.39）

（一）以下參考梁詩桐技師「淺談金門花崗岩基樁工法 順訪金門大橋深槽區大口徑基樁施工」

1. 金門島主要基盤為花崗變質岩，或歷經多次火山噴發、或張裂與入侵，造成金門地區部分變質花崗岩局部裂隙被基性岩脈（如輝綠岩）入侵或被石英岩脈晰出，在海岸清晰可見，可見金門地質的變異非常大；其單壓強度大於100 Mpa，屬於堅硬岩盤難以使用傳統開挖機械或人工破裂碎解，故當年係以傳統鑽炸碎解方式為主、輔以人工或輕型機具進行敲除清運，故工率極差。

2. 如前說明，隨著科技進步、工法的提升，進行金門花崗變質岩採用機械開挖的問題已迎刃而解。然而在陸域或海域施工大口徑基樁，針對當地高強度如輕度至中度風化的花崗岩，如何慎選施工機具為第一要務，主要核心問題乃在於選用適當的鑽頭以快速安全的裂解岩盤。

3. 金門大橋因施作海中橋墩以下的全套管基樁，需打設入岩到新鮮花崗岩盤中，首先面對的是鑽掘進尺率的考驗，目前適用於花崗岩大口徑基樁工法，主要差異性在於鑽頭對岩盤解裂機制，可分為壓磨或鑿擊兩大類，其一壓磨類，以反循環鑽掘工法 Reverse Circulation Drilling（RCD）為代表；其二鑿擊類，以潛孔錘工法 Down-The-Hole Hammer（DTH）為代表。DTH 潛孔錘工法，又分為單錘與群聚組合兩類，單錘適用 1,000mm 直徑以下的基樁。以上兩種工法在金門都已有成功實務經驗。目前在金門大橋橋墩位置深槽區使用大口徑全套管基樁、並搭配 RCD 工法進行鑽掘，工程主要遇到的問題點仍在於鑽掘效率（進尺效率）、切削頭的耐磨及硬度高性能的提昇，還有花崗岩破裂角度、節理數、以及鑽頭齒珠材料本身的張力強度、磨擦度、剪力強度、磨耗度等，綜合以上主要核心問題就在岩盤可鑽掘度及鑽頭工具的耐用度。選擇 RCD 工法的優勢在於：

（1）鑽桿連結頭快速及有效率。

（2）為增加進尺效率，可以在鑽桿增加壓載物提昇效率。

（3）接合鑽管或抽引鑽管以自身機具運做，不須另外吊車吊裝。

（二）斷層是一種破裂性的變形，兩側岩層延著破裂面（斷層面）發生相對移動，或上下或前後或左右，依斷面傾斜角度將兩側岩層分為上盤及下盤，此處所謂上盤或下盤係假設斷層面為傾斜，斷層面上部岩體，稱為上盤（Hanging Wall），反之位於斷層面下部岩體，便稱下盤（Foot Wall）。傾向斷層（dip-slip faults）可再分成正斷層與逆斷層。三棟相同建築物分別蓋在傾向斷層（dip-slip faults）的上盤、下盤及斷層線的上面，危險程度的可能順序如下：

位置	危險程度（排名）	理由
斷層線的上面	最危險 1.	建物位於斷層帶周邊屬高危險區，斷層錯動時伴隨地震力瞬間造成建物毀損倒塌、生命財產重大損失。
上盤（hanging wall）	次之 2.	建物位於斷層上盤屬危險區，正、逆斷層錯動推擠造成上盤往上或往下移動，連帶造成建物局部甚至全部毀損倒塌、生命財產重大損失。如九二一大地震南投埔里、中寮、集集等位於車籠埔斷層（逆衝斷層）的上盤位置。
下盤（foot wall）	再次之 3.	建物位於斷層下盤時，因正、逆斷層錯動推擠造成上盤往上或往下移動，但對於下盤的震動或推擠較小，造成建物震害較為輕微。如九二一大地震台中沿海地區位於車籠埔斷層（逆衝斷層）的上盤位置。

三、針對活動斷層及斷層泥，請說明：（20分）

（一）依據經濟部中央地質調查所，說明臺灣之活動斷層如何定義？其如何分類？

（二）說明斷層泥之力學性質。當隧道開挖時遭遇斷層泥，其可能產生之影響。

（109 土技-大地工程學#1）

參考題解

題型解析	屬近年工程地質常考標的、課程提醒重點範圍
難易程度	簡易之觀念論述題型
講義出處	108（一貫班）工程地質 3.2.12.5（P.44~P.45）
	109（題型班）工程地質 P.11、P.26~P.27
	109 考前仿真模擬考直接命中

（一）依中央地質調查所之活動斷層定義：

中央地質調查所（2000）定義更新世晚期（距今約 10 萬年）以來曾活動過，未來可能再度活動之斷層，稱之活動斷層。

1. 地調所 2012 公布共計 33 條活動斷層，活動斷層條帶地質圖的測製工作以第一類及第二類活動斷層為主，依據斷層活動時代進行分類。大部分活動斷層集中於東部的花東縱谷及西部丘陵與平原地帶：

（1）第一類活動斷層：指過去 1 萬年（全新世）內曾有活動紀錄者，共 20 條。

（2）第二類活動斷層：指過去 10 萬至 1 萬年內（更新世晚期）內曾有活動紀錄者，共 13 條。

（3）存疑性活動斷層：有可能為活動斷層，但對於其存在性、活動年代、再活動性等尚無確切證據，共 4 條。

中央地質調查所採用的活動斷層分類標準

第一類活動斷層（全新世活動斷層）	
1.	全新世（距今 1 萬年內）以來曾經發生錯移之斷層。
2.	錯移（或潛移）現代結構物之斷層。
3.	與地震相伴發生之斷層（地震斷層）。
4.	錯移現代沖積層之斷層。
5.	地形監測證實具潛移活動性之斷層。

第二類活動斷層（更新世晚期活動斷層）	
1.	更新世晚期（距今約 10 萬年內）以來曾經發生錯移之斷層。
2.	錯移階地堆積物或台地堆積層之斷層。
存疑性活動斷層：為有可能為活動斷層的斷層，包括對斷層的存在性、活動時代、及再活動性存疑者。	
1.	將第四紀岩層錯移之斷層。
2.	將紅土緩起伏面錯移之斷層。
3.	地形呈現活動斷層特徵，但缺乏地質資料佐證者。

（二）斷層泥之力學性質。當隧道開挖時遭遇斷層泥，其可能產生之影響：

斷層錯動後，其斷層帶易產生大小不一破碎岩塊、多為角狀顆粒，稱為斷層角礫（Fault Breccia），此情況下之滲透性大。但若其受到劇烈錯動而磨成粉土或黏土，則稱為斷層泥（Fault Gouge）：

1. 斷層泥之滲透性降低，猶如不透水層、且周圍易有受壓水層之存在。倘隧道開挖時遭遇斷層泥（如雪山隧道開挖時），容易產生大量湧水造成已開挖斷面之支撐及機具損壞、工程人員傷亡、工期延宕及施工費用增加。
2. 變形性：斷層泥使得岩體的變形性明顯增加、變形異向性亦隨之增加，造成隧道斷面及壁體變形，影響隧道開挖之穩定性。
3. 剪力強度：斷層泥使得岩體強度降低，易沿著斷層泥面產生滑動，造成隧道之承載力與自立性隨之降低。

四、表(a)～表(c)有 A、B、C 三個基地進行垃圾掩埋場選址，垃圾掩埋場預定地下開挖 6.0 m，採用深 12 m 連續壁當擋土壁體，如圖(a)所示，試分析以下三個場址，那個適合？

說明：（一）垃圾掩埋場選址條件：不用不透水布與皂土布，以原地土壤止水與吸附重金屬離子，請選擇基地？（8 分）並說明選址理由？（8 分）

註：粘土層若被穿透，不可當不透水層，因為混凝土發揮強度伴隨著體積收縮。

（二）在暴雨下地下水位上升到地表，請以擋土壁的最高流線，在 Fs = 2 下，連續壁單元止水樁最少須由 GL0 m 至 GL 下多少公尺？（9 分）

註：流砂 $FS = \dfrac{i_c}{i} = \dfrac{\frac{\gamma_{sub}}{\gamma_w}}{\frac{\Delta H}{L}} \geq 2$

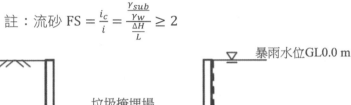

圖(a) 垃圾掩埋場選址，垃圾掩埋場預定地下開挖 6.0 m，採用深 12 m 連續壁當擋土壁體

表(a) A 基地地質鑽探報告

名稱：
地點：華夏路、重上街口　　地面標高：+0.47M　　孔號：A1　　地下水位：4.50m　　鑽探日期：83.04.30　　試驗時間：83.05.14 83.05.20

鑽探部分				試	驗			部					分	
深度 m	柱狀圖	土樣編號	擊數 N	地質說明	顆粒分析			分類	自然含水量 ω(%)	液性限度 L.L.	塑性限度 P.L.	塑性指數 P.I.	當地密度 T/m³	比重 Gs	孔隙比 e
					礫石	砂	沉泥								
1				回填砂土含混凝土塊、雜物 1.00											
2		S-1	16		0.0	3.1	96.9	ML	23.4	--	NP	--	2.02	2.72	0.66
3		S-2	7	棕灰色粉質粘土夾粉土薄層	0.0	0.6	99.4	CL	28.1	40.1	24.3	15.8	1.97	2.72	0.77
4				4.00											
5		S-3	4		0.0	70.1	29.9	SM	30.5	--	NP	--	1.88	2.68	0.86
6		S-4	11		0.0	77.8	22.2	SM	18.4	--	NP	--	2.11	2.68	0.50
7		S-5	10	灰色粉質細砂含中砂											
8		S-6	11		0.0	83.2	16.8	SM	24.3	--	NP	--	2.02	2.68	0.65
9															
10		S-7	13	10.90	0.0	82.4	17.6	SM	21.8	--	NP	--	2.01	2.68	0.63
11		T-1													
12		S-8	6	灰色粉質粘土夾砂質粉土及細砂薄層	0.0	8.5	91.5	ML	27.6	--	NP	--	1.98	2.71	0.75
13		S-9	6	14.0	0.0	4.0	96.0	ML	29.2	--	NP	--	1.91	2.71	0.84
14		S-10	11		0.0	77.2	22.8	SC	25.3	38.9	23.3	15.6	2.00	2.68	0.68
15															

表(b) B 基地地質鑽探報告

工程名稱：＿＿＿＿＿＿＿＿＿＿
Sampler:2" Standard Split spoon

地點：岡山大德路
鑽孔編號：B-1

日期：85.5.2-
地下水位：現地面下-1.8m
滲出水

鑽探部分				試		驗						部						分	
土樣編號	深度 m	N Bolw/Ff	柱狀圖	地質說明	分類	顆粒分析			比重	自然含水量(%)	當地密度 g/cc	孔隙比 e	液性限度 L.L.	塑性限度 P.L.	塑性指數 P.I.	無圍壓縮強度 T/m²	容許承載力 Qa(T/m²)		
						礫石	砂	細粒											
				回填　砂土 0.3													承載力未考慮沉陷因素		
1-1	1.5	2		黃色 沉砂質	SM	0.0	76.3	23.7	2.68	19.0	1.83	0.74	--	NP	--	--	11.0		
1-2	3.0	2		3.0 黃灰色 砂質	ML	0.0	7.5	92.5	2.69	24.6	1.92	0.75	--	--	--	--	12.0		
1-3	4.5	1		3.8 灰色 沉泥質	SM	0.0	69.6	30.4	2.68	24.6	1.97	0.70	--	NP	--	--	10.0		
1-4	6.0	1		5.3 黃灰色 砂質 沉泥 夾 粘土質 互層	ML	0.0	4.6	95.4	2.70	27.5	1.91	0.80	23.2	19.7	3.5	1.3	9.0		
1-5	7.5	2		8.5 灰黃色 粘土質 沉泥 砂質 沉泥 互層	ML	0.0	4.5	95.5	2.70	27.3	1.93	0.78	22.1	18.3	3.8	2.5	12.0		
1-6	9.0	5		8.7 黃色 黏土質 沉泥	CL-ML	0.0	2.2	97.8	2.70	26.0	2.00	0.70	21.9	16.5	5.4	6.3	18.0		
1-7	10.5	11		9.4 黃色 沉泥質	CL	0.0	0.6	99.4	2.71	26.3	2.00	0.71	34.1	20.1	14.0	13.8	24.0		
1-8	12.0	6		黃色 〃	CL	0.0	1.1	98.9	2.72	29.7	1.95	0.81	40.4	21.2	19.2	7.5	20.0		
1-9	13.5	5		〃 14.5	CL-SM	0.0	0.8	99.2	2.71	29.3	1.95	0.79	39.6	20.9	18.7	6.3	20.0		
1-10	15.0	5		黃灰色 砂質 15.0	ML	0.0	32.5	67.5	2.69	25.2	2.01	0.68	--	--	--	--	40.0		

表(c) C 基地地質鑽探報告

名稱：＿＿＿＿＿
地點：高雄市鹽埕區
新建地質鑽探工程
鑽探深度：106m
孔　號：B 25
地下水位：-5.21m
鑽探日期：83.4.16 20
試驗時間：

鑽探部分				試		驗						部					分	
土樣編號	深度 m	N Bolw/Ff	柱狀圖	地質說明	分類	顆粒分析			比重	自然含水量(%)	當地密度 g/cc	孔隙比 e	液性限度 L.L.	塑性限度 P.L.	塑性指數 P.I.	無圍壓縮強度 T/m²	容許承載力 Qa(T/m²)	內摩擦角 φ
						礫石	砂	細粒										
				回填、黃灰色細砂夾粘土 1.24m													承載力未考慮沉陷因素	
S-1	1 2	1			ML	0	22.8	77.2	2.72	27.1	1.82	0.90	--	NP	--	--	5.1	
S-2	3	1		灰褐色粘土土質粉砂 3.42m	ML-CL	0	25.4	74.6	2.72	30.5	1.74	1.48	28.7	23.2	5.5	--	1.7	
S-3	4 5	2		灰褐色粘土質粉砂夾 螺層	ML	0	29.6	70.4	2.72	26.0	1.81	0.91	--	NP	--	--	5.3	
S-4	6	3			ML	0	34.1	65.9	2.72	29.3	1.83	0.92	--	NP	--	--	5.6	
S-5	7 8	3		7.85m	ML	0	37.6	62.4	2.27	27.9	1.82	0.91	--	NP	--	--	5.5	
S-6	9	4		灰褐色粘土質粉砂或粉粉砂質粘土 10.32m	CL	0	13.9	86.1	2.73	30.0	1.86	0.91	30.5	22.7	7.8	--	6.9	
S-7	10 11	14		棕灰色粘土質中細砂	SM	0	62.5	37.5	2.71	23.0	2.07	0.61	--	NP	--	--	16.4	31.0
S-8	12	12		12.69m	SM	0	58.7	41.3	2.71	23.2	2.05	0.63	--	NP	--	--	13.3	30.4
S-9	13 14	14		灰褐色粘土質中細砂	SM	0	70.3	29.7	2.70	22.7	2.11	0.57	NP	--	--	--	16.1	30.9
S-10	14	14		15.00m	SM	0	73.5	26.5	2.70	22.5	2.13	0.55	NP	--	--	--	15.9	30.9

（110 高考-土壤力學#2）

參考題解

類似此種涉及設計實務之題目，使用參數的依據不見得人人一樣、切入與分析的角度更是不同，本題解僅供參考，請理解這不見得是唯一解。

鑽探部分				試		驗				
深度 m	柱狀圖	土樣編號	擊數N	地 質 說 明		顆 粒 分 析			分類	
						礫石	砂	沉泥		
-1		S-1	16	A		0.0	3.1	96.9	ML	
-2		S-2	7			0.0	0.6	99.4	CL	
-3										
-4		S-3	4			0.0	70.1	29.9	SM	
-5		S-4	11			0.0	77.8	22.2	SM	
-6										
-7		S-5	10	灰色粉質細砂含中砂						
-8		S-6	11			0.0	83.2	16.8	SM	
-9										
-10		S-7	13	10.9		0.0	82.4	17.6	SM	
-11		T-1								
-12		S-8	6	灰色粉質粘土夾砂質粉土及細砂薄層		0.0	8.5	91.5	ML	
-13		S-9	6	14.0		0.0	4.0	96.0	ML	
-14		S-10	11			0.0	77.2	22.8	SC	
-15										

鑽探部分				試		驗	
土樣編號	深度 m	N Bolw/Ft	柱狀圖	地 質 說 明		分類	
1-1	1.5	2		B		SM	
1-2	3.0	2				ML	
1-3	4.5	2				SM	
1-4	6.0	1		灰灰色 砂質 沉泥夾 粘土質 互層		ML	
1-5	7.5	2		灰黃色 粘土質 沉泥 沉泥 互層 8.7			
1-6	9.0	5		黃色 粘土質 沉泥 9.4		CL-ML	
1-7	10.5	11		黃色 沉泥質		CL	
1-8	12.0	6		黃色 "		CL	
1-9	13.5	5		黃灰色 砂質 14.5		CL-SM	
1-10	15.0	5		15.0		ML	

鑽探部分				試		
土樣編號	深度 m	N Bolw/Ft	柱狀圖	地 質 說 明		分類
S-1	-1	1		C		ML
S-2	-2	1				ML-CL
S-3	-4	2				ML
S-4	-5					ML
S-5	-7			7.85m		ML
S-6	-9	4		灰褐色粘土質粉砂或 分粉砂質粘土 10.32m		CL
S-7	-10	14		宗灰色粘土質中細砂		SM
S-8	-12	12		12.69m		SM
S-9	-13	14		灰褐色粘土質中細砂		SM
S-10	-14	14		15.00m		SM

（一）依題意選址條件為「以原地土壤止水與吸附重金屬離子」：

1. 黏土的止水性較佳：

   依照土壤的滲透性為砂土＞粉土＞黏土，也就是黏土的滲透性較低，其止水效果較佳。故黏土越厚越好。

2. 黏土礦物具有吸附重金屬之特性：

   經查在粘土礦物形成過程中，其四面體或八面體結構中往往會出現同晶替代，使電荷出現不平衡，並且由於晶體的破損，在其斷裂面上會暴露出氧原子，這些特性使粘土礦物晶面上帶有永久性的負電荷，從而對金屬離子（通常帶正電荷）產生吸引，並且可產生配位作用而結合達到移除的目的，據此，當以開挖面以下之黏土厚度為決定之主要評估因素，即黏土厚度越厚越好。

基地	地下水位	開挖內側底部土壤分類 (-6m~-12m)	滲透性	評估結果
A	-4.5	SM（-6m~-10.9m）	高	粉土質土壤厚度僅為 2.1 m，其餘為砂土質土壤，粉土質土壤止水性尚可，但吸附金屬離子能力不佳。地下水位低具有優勢。
		ML（-10.9m~-12m）	低	
B	-1.8	ML（-6m~-8.7m）	低	厚度 6 m 中，皆為粉土與黏土質土壤，其止水性佳；其中黏土質土壤厚度達 3.7 m，吸附金屬離子能力最佳（相較於 A、C 基地）。地水位高，有隆起上舉之憂。
		CL-ML（-8.7m~-9.4m）	低	
		CL（-9.4m~-12.0m）	低	

基地	地下水位	開挖內側底部土壤分類 （-6m~-12m）	滲透性	評估結果
C	-5.21	ML（-6m~-7.65m）	低	黏土質土壤厚度為 2.67 m，其餘為粉土質、砂土質土壤，止水性較 B 差、但較 A 佳，吸附金屬離子能力佳較 B 差、但較 A 佳。地下水位低具有優勢。
		CL（-7.65m~-10.32m）	低	
		SM（-10.32m~-12m）	高	

3. 地下水位的影響：

B 基地的地下水位較高，進一步計算 B 基地上舉（隆起）破壞之可能：

B 基地開挖面底部土壤基本參數取 $G_s \approx 2.7 \sim 2.72$、$e \approx 0.7 \sim 0.8$

計算取 $G_s \approx 2.7$、$e \approx 0.75$

$$\gamma_{sat} = \frac{G_s + e}{1 + e} \gamma_w = 19.34 \text{kN/m}^3$$

$$FS = \frac{\sum \gamma_t H_i}{u_w} = \frac{19.34 \times 6}{9.8 \times (12 - 1.8)} = 1.16 \approx 1.2 \text{ 恰符合規範}$$

依上表評估後，應以 B 基地較適合做為選址基地，惟設計時，應將地下水位之變化（如暴雨時）對於隆起破壞納入設計考量，如工程預算允許，可考慮降低基地外地下水位，或加大貫入深度提高上舉隆起破壞安全係數。如 B 基地之地下水位問題無法以工程手段解決，則可取 C 基地作為案址，惟在止水與吸附重金屬離子之能力上較 B 基地條件差。

（二）計算連續壁單元止水樁長度

考慮流線長 $L = 6 + D + D = 6 + 2D$

土壤平均水力坡降 $i = \Delta h/L = 6/(6 + 2D)$

B 基地開挖面底部土壤基本參數取 $G_s \approx 2.7 \sim 2.72$、$e \approx 0.7 \sim 0.8$

若取 $G_s \approx 2.7$、$e \approx 0.7$　　　則 $i_{cr} = \frac{G_s - 1}{1 + e} = \frac{2.7 - 1}{1 + 0.7} = 1.0$

若取 $G_s \approx 2.72$、$e \approx 0.8$　　　則 $i_{cr} = \frac{G_s - 1}{1 + e} = \frac{2.72 - 1}{1 + 0.8} = 0.96 \approx 1.0$

由以上計算得知 $i_{cr} \approx 1.0$

$$FS = \frac{i_{cr}}{i} = \frac{1}{6/(6 + 2D)} = 2.0 \implies D = 3\text{m}$$

連續壁單元止水樁至少需設計從 GL0.0m 至 GL9.0m…………Ans.

五、請回答下列有關振動擠壓砂樁（Sand Compaction Piles）之問題：（25 分）

（一）針對土木工程使用之振動擠壓砂樁工法，試說明於工程設計時，採用振動擠壓砂樁之目的及方法。

（二）試說明於工程設計時，一般使用之樁徑及配置形式。

（110 土技-大地工程學#3）

參考題解

題型解析	本題為地盤改良（或稱地質改良）國內常使用工法之一，課程範圍理應屬於施工學，但因與基礎之承載力、長期沉陷量有關，故列於基礎工程，亦無不可。
難易程度	屬於背誦簡易題型。
講義出處	108（一貫班）工程地質 8.4 地層改良之方法 P.119 歷年（一貫班）施工法講義

（一）1. 目的：主要用於地盤改良，擠壓砂樁工法於 1958 年首由日本人 Murayama 所發明，且本法在國內所使用經驗最為豐富。主要有三種作用：

　　（1）對砂土層產生擠壓密實作用：可改善砂質土壤的緊密度、降低土壤的壓縮性，減少長期的變形與沉陷。

　　（2）加勁補強作用：提高砂土剪力強度（φ' 變大），提高土壤承載力與抵抗液化之潛能。

　　（3）加速排水作用：對於黏土層效果明顯，可加速壓密沉陷的速度。

　　2. 方法：打設擠壓砂樁之方法，一般有衝擊式及振動式兩種，目前以採振動式為主，其施工是利用振動器及高壓空氣之輔助，將中空鋼管（一般為 40 公分直徑）貫入地層中，藉由振動排擠效果使鋼管周圍土壤擠壓密實。在鋼管拔出之同時，以空氣壓力將回填砂料壓入鋼管底端進入孔底，藉鋼管的上下反覆拉拔及振動，將砂料擠壓並夯實成一直徑約 $60cm \sim 70cm$ 的密實砂柱體，除可形成良好之排水路徑外，同時也使周圍砂性土壤趨於緊密（孔隙比變小），達成改良效果，施工順序如下圖。

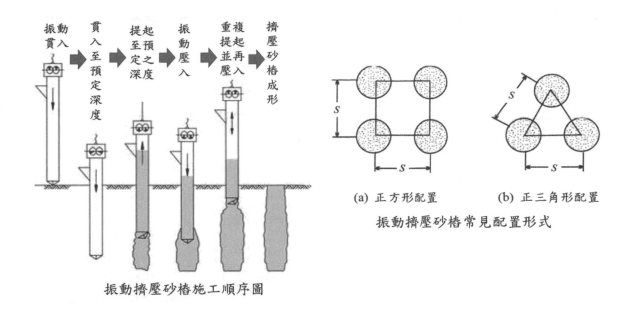

振動擠壓砂樁施工順序圖

(a) 正方形配置　　　(b) 正三角形配置

振動擠壓砂樁常見配置形式

（二）使用之樁徑及配置形式：

1. 目前常用的振動擠壓砂樁之鋼管外徑有 40 cm 及 50 cm 兩種。用於砂質地層的通常為 40 cm 之鋼管，完成之最大樁徑可達 60~70 cm；用於黏土層，考慮為減少對原地層的擾動，及提高改良效果與品質之均勻性，應選用較大直徑之鋼管，惟設計之樁徑不宜大於所用鋼管直徑之 1.5 倍，以保證品質。

2. 對樁距而言，砂質地層，樁距不宜大於樁徑的 4.5 倍；黏土質地層不宜大於樁徑的 3 倍。

3. 平面配置一般可採用正三角形或正方形，如上圖所示。對於砂土層，因本法係藉由砂樁之擠壓密實效果提高周圍土壤之密度，故採用正三角形之配置，可較採用正方形配置得到更佳之擠密效果。對於黏土質地層，主要係靠置換來達到改良的目的，故選用任一配置形狀皆可。

六、某一長約 12 公里之山岳隧道欲進行地質調查以供隧道設計之依據，試說明可用之調查方法以及這些調查方法在隧道設計之目的。（25 分）

（110 土技-大地工程學#4）

參考題解

題型解析	本題名為工程地質有關隧道相關考題，雖係以隧道為主題，但其實就是在問工程地質現場調查的方法有哪些。
難易程度	屬於背誦題型，有背有分之變相送分題。
講義出處	108（一貫班）工程地質第八章工址調查

以下解答省略相關調查方法之附圖

調查應涵蓋隧道起始點範圍地形、地貌、水文氣候以及地質條件等，可用之調查方法除了規劃現場鑽探或導坑（包括岩心的取樣判釋）的點數與深度外，宜針對地質材料、地質構造、工址當地應力、區域大地應力及地下水壓分布等進行調查，以作為後續岩體分類、隧道開挖及支撐設計之用，可用之調查方法簡述如下：

（一）遙測與衛星影像：

目前常利用遙測與衛星影像技術來行地表地質調查。遙測系統，即藉由感測器感應不同波長電磁波，再由類比／數化轉換器（AD），轉變成數值化資料，最後由電腦修正並加以顯揚後，最後以影像來呈現，人類便根據這些影像，可行直接判讀，並經邏輯思考來獲得所需資訊。衛星影像判釋方法有：（1）直接判釋、（2）比對判釋與（3）推理判釋。直接判釋係判釋人員依自身生活經驗與體認，便可自影像中，加以判釋或辨別出山谷、河流、水庫或地形變化。

（二）光達（Lidar）：

三維雷射掃描技術又稱光達技術（Light Detection And Ranging, LiDAR）為近年迅速發展的高精度、高解析度、高度自動化與高效率的量測技術。早期發展以空載光達（Airborne LiDAR）為主，包括定位定向系統（Position And Orientation System, POS）、雷射掃描儀（Laser Scanner）以及控制器（System Controller）三個部分。空載光達適用於大範圍的三維地表掃描，可獲取地形與地貌資料，並可將地面點數據與地表物體點的數據分離，分別產製數值地表模型（Digital Surface Model, DSM）與數值高程模型（Digital Elevation Model, DEM），已經在地質工程各領域逐漸應用。近期亦有採用可穿透水體的測深光達（Bathymetric LiDAR），測繪水面下的地形與地貌。

1. 相對於空載光達與測深光達目前仍以強調三維地形與地貌的測繪，另有所謂之地面

光達則利用其在近距離快速取得高密度點雲資料的特性，可應用於岩性變化之研究、地質構造與地形特徵之辨識、分析地質特性等，包括調查岩體不連續面參數、大尺度岩石的粗糙度等，亦有應用於沉積岩中岩性單位的判釋，以及隧道工程岩體分級評估、變形量測、以及有關噴凝土厚度控制、岩栓施打間距與隧道超欠挖分析等。

2. 利用空載光達（Airborne LiDAR）測製數值高程模型（Digital Elevation Model, DEM）的技術，可以濾除地表建物與植被的影響，且將地形原始真實地面之高程清楚呈現，使地質與地形特性的研究更容易進行；並利用同步獲致之航照影像，可應用於地質敏感區調查分析、地形及水系特性分析、與地質災害潛勢評估（包括潛在土石流、潛在大規模崩塌區等進行判釋）等。

（三）震測折射法／折射震測法（Refraction Seismic Method）：

折射震測法是一種探測地下地層傳波特性的有效方法之一。藉炸藥爆炸或重錘下落之衝擊力產生人造震波，傳播於地下地層，因地層傳波特性不同，震波在地層界面處依斯奈爾定律（Snell's Law）發生折射現象折回地表，再藉設置於地表一系列的受波器（Geophone）接收。根據初達波（First Arrival）到達時間及受波器與震源間距離關係，繪製震波走時曲線（Travel Time Distance Curve），由震波走時曲線圖經逆推（Inversion）運算後，即可獲得代表測線下方之地層速度分佈。

（四）電探法：

1. 係利用天然或人的直流或交流電場來探測地下地質現況的方法，其中廣泛用於工程地質的方法為電阻率法。由於地電阻法成本低廉且工期短，因此適用於工程地質、探礦、地下水調查、海水入侵調查與地熱及溫泉測勘等多方面。

2. 依施測方式不同，直流地電阻法又可區分為：

（1）垂直地電測深法（Vertical Electrical Sounding Method; VES method）

（2）剖面地電阻法（Profiling Resistivity Method）

（3）地電阻影像剖面法（Resistivity Image Profiling Method; RIP method）

（4）三維地電阻法（3D Resistivity Method）

（五）孔底法（Doorstopper Method，門塞法）：

1. 此法可求得垂直於鑽孔平面上之現地應力。

2. 鑽孔至於預定位置、孔底磨平後，將孔底式應變計（門塞式應變計）黏貼於孔底。

3. 讀取初始值之後繼續對孔底岩層進行套鑽，此套鑽過程對於岩體造成應力釋放效果。套鑽後並將岩心取出，並讀取應變計最終讀數。

4. 配合取得之岩心求取的彈性模數與包松比，即可反推現地應力的大小。

（六）套鑽法（Overcoring Method）：

1. 此法是用來量測岩體現地應力大小、分佈狀態，以及岩層開挖後應力重新分佈之情況，對地下開挖工程的品質及安全穩定均有極重要之影響。

2. 選定試驗位置後（一般為隧道開挖後），先以大孔徑（90 mm）鑽孔至預定位置，將孔底磨平後再以較小同心孔徑（38 mm）鑽孔（深度約 45 cm）（大孔小孔為同心、先大後小，此即套鑽之意）。

3. 清孔後裝設三軸應變計，用以量測套鑽前後應變的變化、配合取得之岩心求取的彈性模數與包松比，即可反推現地應力的大小。

（七）水力破裂法（Hydraulic Fracture Method）：

1. 此法可求得垂直於鑽孔平面上之現地應力。

2. 於鑽孔內擇定完整無天然裂隙存在之試驗段。在試驗段上下使用栓塞封閉（Double Packer），並開始施加水壓。

3. 水壓施加到試驗段孔壁產生裂隙，此時水壓力瞬間隨之下降，讀取此一水壓最大值（即為破裂壓力），並關閉水壓。

4. 因水壓關閉後，孔內水壓因裂隙產生而下降，直至裂隙閉合時，水壓下降速度變得較為緩慢，讀取此一閉合壓力，此即為垂直鑽孔平面方向之最小主應力。

5. 接續進行施加水壓第二、第三循環，使裂隙再度擴大，分別讀取第二、第三循環的最大壓力及閉合壓力。

6. 利用鑽孔攝影機或栓塞印痕，觀察裂隙產生之方向，以定垂直鑽孔平面方向之主應力方向。

（八）呂琴（Lugeon）漏水試驗（栓塞水力試驗）：

1. 呂琴漏水試驗（Legeon Test）又稱栓塞水力試驗（Packer Test），主要目的是於鑽探進行中量測岩層孔內多裂隙面滲漏量及其透水性（Permeability，滲透係數 k）。主要應用於評估隧道的湧水問題、水庫集水區、壩址的水密性、石油天然氣等儲存處之地下圍岩的滲透性。

2. 進行方式係於鑽孔後於試驗段（長度為 L）安裝封塞，並以水壓貫入鑽孔，依預定壓力梯度順序，逐階提高水壓，並記錄其流量。

3. 試驗結果以流量 Q 為橫軸、孔內實際量測到的水壓力 P 為縱軸，繪得 P－Q 曲線，以曲線上 P = 10kg/cm² 所對應之流量 Q，則該試驗段的 Lugeon 值為 $L_u = Q/L$。

4. 1 Lugeon 值定義：在 10kg/cm² 之水壓力下，每公尺試驗深度之每分鐘滲漏量為 1 公升時稱之，換算約為 1.0×10^{-5} cm/sec。

Chapter **2** **其他及名詞解釋**

參考題解

一、試解說下列各小題：（每小題 5 分，共 20 分）

（一）粉土（silt）顆粒粒徑之範圍。

（二）砂土之臨界狀態線（critical state line）。

（三）如何計算黏土過壓密比（over-consolidation ratio）？

（四）砂土之臨界水力坡降 $i_{critical}$（critical hydraulic gradient）？

（106 土技-大地工程學#1）

參考題解

（一）依美國麻省理工學院（MIT）粒徑尺寸分界，粉土粒徑範圍為 0.06mm~0.002mm。（註：依 AASHTO 或 ASTM 為 0.075mm~0.002mm，亦有為 0.075mm~0.005mm）

（二）砂土在固定正向應力受持續剪力作用下，體積不再變化的狀態，稱為臨界狀態（critical state），土壤剪應力趨於定值，為臨界狀態剪應力 τ_{cs}，亦稱為極限剪力強度。以多組不同正向應力試驗數據並依莫爾-庫倫破壞準則得剪力破壞包絡線，即為臨界狀態線（critical state line），破壞包絡線與水平線夾角為臨界摩擦狀態角 ϕ_{cs}（critical state friction angle）。

（三）過壓密比 OCR 之定義為 $OCR = \sigma'_c / \sigma'_v$，$\sigma'_c$ 為土壤曾經受過最大有效應力，可用 Casagrande 建議法求得，σ'_v 為現況土壤之有效應力，可以現況土壤狀況資料求得。

（四）水力坡降 i 定義為每單位長度流線所消耗或損失的總水頭，為無因次，$i \equiv \Delta h / L$。當水向上滲流時造成土壤有效應力減少，當有效應力為零時之水力坡降稱為臨界水力坡降 $i_{critical}$。

二、請試述下列名詞之意涵：（每小題 5 分，共 25 分）

　　（一）SPT － $(N_1)_{60,cs}$（Corrected N）

　　（二）大地應力（Tectonic stress）

　　（三）混同層（Melange）

　　（四）消散耐久性試驗（Slake durability test）

　　（五）岩爆（Rock burst）

（107 土技-大地工程學#1）

參考題解

（一）$(N_1)_{60}$係鑽桿能量比為 60%標準落錘能量且修正至有效覆土應力為$1kgf/cm^2$之SPT－N值（基礎規範）。另下標 $_{cs}$係指 clean sand，$(N_1)_{60,cs}$為乾淨砂（FC≦5%）之$(N_1)_{60}$值，可將細料含量較高之$(N_1)_{60}$值轉換成等效的乾淨砂$(N_1)_{60,cs}$值，主要用於液化評估時考量細料含量（FC, fines content）影響。

（二）大地應力係指作用於具相當規模範圍之區域性地中應力，為該區域內主要地質構造組合及變形特徵的原動力，如台灣本島的大地應力為菲律賓板塊擠壓歐亞板塊，主應力方向概略為東南-西北方向。

（三）在板塊邊緣受到地殼間擠壓推擠的作用，岩體產生劇烈的破裂及變形，原先的層序完全破壞，缺乏連續的層面並夾雜大小不一破碎的岩塊，構造複雜難以分層，稱之為混同層（Melange）。

（四）岩石在自然環境中因乾濕及溫度變化等因素影響，造成裂隙及強度變低，消散耐久性試驗（Slake durability test）為用標準的乾濕循環及滾輪作用進行試驗，評估岩石之消散耐久性指數，以了解岩石經過乾濕及溫差反覆作用下，抵抗弱化與崩壞的能力。

（五）高強度岩體在高覆蓋、高的大地應力作用下，因開挖解壓（如隧道開挖），應力重新調整分配下，導致岩體儲存之應變能從開挖處之岩壁突然釋放，造成岩塊破裂並劇烈破壞飛出的現象，稱為岩爆（Rock burst）。

三、試回答下列問題：

　　（一）何謂莫爾-庫倫破壞準則（Mohr-Coulomb Failure Criterion）？何謂土壤剪力強度
　　　　　參數（Parameters of Shear Strength）？試列舉兩種可求得土壤剪力強度參數之
　　　　　常見室內試驗？（15分）

　　（二）說明 AASHTO 土壤分類法之砂土、粉土與黏土之顆粒尺寸範圍。（15分）

　　（三）寫出砂土之靜止、主動與被動 Rankine 土壓係數之公式。（15分）

　　（四）試以孔隙比寫出砂土相對密度之定義。（5分）

（107 三等-土壤力學與基礎工程#1）

參考題解

（一）莫爾提出材料之破壞係因正向應力與剪應力的某一臨界的組合狀況，以方程式 $\tau_f = f(\sigma)$ 表示，莫爾破壞包絡線為一曲線形式。庫倫破壞包絡線方程式係依靜摩擦力的概念提出，為直線形式，以應力型態表示，$\tau_f = \sigma \tan\phi + c$。將莫爾的概念，搭配庫倫線性的方程式加以理想化的結合，而成莫爾-庫倫破壞準則（Mohr-Coulomb failure criterion），以有效應力 σ' 的函數表示為 $\tau_f = \sigma' \tan\phi' + c'$，破壞時莫爾圓及破壞包絡線如下圖：

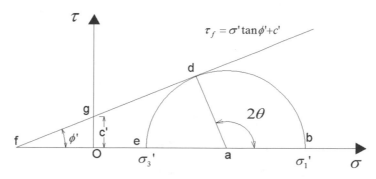

　　而剪力強度參數 (c, ϕ, c', ϕ') 為上述破壞準則中，凝聚力項和摩擦力項組成的表示式。
　　求剪力強度參數之常見室內試驗為直剪試驗及三軸試驗（Triaxial shear test）。

（二）AASHTO 土壤分類法之砂土顆粒尺寸為通過 #10 篩（2mm），在 #200 篩（0.075mm）以上。粉土（silt）和黏土（clay）為顆粒尺寸通過 #200 篩（0.075mm）。至於粉土與黏土分界非以顆粒尺寸，係以塑性指數 $PI = 10$ 為界區隔。

（三）砂土之土壓係數：

1. 靜止土壓力係數：為經驗式推估，$K_0 = 1 - \sin\phi'$（Jaky,1944）。

2. Rankine 主動土壓力係數 $K_a = \dfrac{1 - \sin\phi'}{1 + \sin\phi'} = \tan^2\left(45° - \dfrac{\phi'}{2}\right)$

3. Rankine 被動土壓力係數 $K_p = \dfrac{1 + \sin\phi'}{1 - \sin\phi'} = \tan^2\left(45° + \dfrac{\phi'}{2}\right)$

（四）相對密度 $D_r \equiv \dfrac{e_{max} - e}{e_{max} - e_{min}}$

四、請試述下列名詞之意涵：（每小題 5 分，共 30 分）

（一）含水量（moisture content, water content）

（二）過壓密比（overconsolidation ratio, OCR）

（三）摩爾-庫倫破壞準則（Mohr-Coulomb failure criterion）

（四）紅土化（laterization）

（五）群樁效率（group efficiency）

（六）液性指數（liquidity index）

（108 結技-土壤力學與基礎設計#1）

參考題解

題型解析 難易程度	簡單、常見之送分題
108 講義出處	（一）土壤力學 1-1 節，P.1 （二）土壤力學 7-2-3 節，P.146 （三）土壤力學 8-2-1 節，P.207 （四）工程地質 2-6 節相關，P.26 （五）基礎工程 6-7 節，P.6-17 （六）土壤力學 3-7 節，P.37

（一）含水量（moisture content, water content）

土壤內之水的總重量與土壤顆粒總重量之比值。

$$\text{含水量 } w(\%) = \frac{W_w}{W_s} \times 100\%$$

（二）過壓密比（overconsolidation ratio, OCR）

土壤目前所受的有效應力 σ'_v 小於曾經所受過的最大應力 σ'_c（又稱預壓密應力 σ'_p），稱之為過壓密土壤（Over Consolidated, OC），而過壓密比為曾經所受過的最大應力 σ'_c 與目前所受的有效應力 σ'_v 之比值。

$$\text{OCR} = \sigma'_c/\sigma'_v$$

（三）摩爾-庫倫破壞準則（Mohr-Coulomb failure criterion）

1. Mohr（1900）發表材料破壞準則的假說（hypothesis），即當破壞面上的剪應力達到正向應力某一個函數值時，此材料即達破壞。

$$\tau_{ff} = f(\sigma_{ff})（即 \text{Mohr} 破壞準則）$$

2. 依據材料破壞時的主應力、破壞面上的剪應力與正向應力，以莫爾圓表示其應力狀態，並將各莫爾圓上代表破壞面上的剪應力與正向應力之座標點連線，可得剪應力的破壞包絡線，又因這些莫爾圓是在破壞下求得，此包絡線稱之為莫爾破壞包絡線（Mohr Failure Envelope）。

3. Coulomb 強度公式 $\tau_f = \sigma\tan\varphi + c$

4. 後人將 Mohr 破壞準則 $\tau_{ff} = f(\sigma_{ff})$及 Coulomb 公式 $\tau_f = \sigma\tan\varphi + c$ 合併加以應用，且將破壞包絡線簡化視為一直線，即所謂的莫爾庫倫破壞準則（Mohr-Coulomb Strength Criterion）：$\tau_{ff} = \sigma_{ff}\tan\varphi + c$。

（四）紅土化（laterization）

指地表岩石經強烈風化作用，逐漸形成紅土的過程。當風化後的產物其含鐵量較高時，就會染紅土壤形成紅土。前述風化作用主要是化學風化作用，通過雨水的淋濾作用使土紅化。紅土中的主要組成礦物是高嶺石、針鐵礦、赤鐵礦、三水鋁石和石英，當土壤受聚鐵鋁化作用，土壤中可溶性礦物被水分溶解移出，剩下無法被淋溶的鐵、鋁氧化物，故呈紅、黃色基調。台灣紅土主要分布於桃竹苗中地區，土壤特性為滲透係數差、具凝聚力、短期可免支撐垂直開挖、壓縮性低（分類為 CL）。

（五）群樁效率（group efficiency）

二支以上基樁受載重時，由於基樁-土壤-基樁之互制作用，相鄰樁間之應力影響圈會重疊，將會造成群樁效應，應力重疊之程度與基樁載重及樁間距有關，若間距不足，可能導致土壤產生剪力破壞或超量沉陷，以及樁群內部與外圍的基樁受力不均勻之現象，稱之。群樁效應可能會導致下列情形：

1. 應力圈重疊承載能力減小。

2. 應變圈重疊土壤變位增大。

3. 重疊愈多群樁效應愈顯著。

4. 樁群內各樁之勁度不一致，變位亦將不一致。

（六）液性指數（liquidity index）

係用來定義黏性土壤在自然含水量狀態下之相對稠度。

$$LI = \frac{w_n - PL}{PI} = \frac{w_n - PL}{LL - PL}$$

其中w_n＝現地（in situ）土壤之自然含水量。自然含水量w_n之值等於 LL 時，此時土壤呈現臨界液體狀態，可見液性指數 LI 愈大，代表自然含水量w_n愈高，土壤愈臨界液體狀態，當液性指數$LI \geq 1$，土壤已呈液態，其剪力強度低、壓縮性高。反之，當液性指數$LI < 1$，土壤已呈塑性，液性指數愈小其剪力強度愈高、壓縮性愈小。

五、試說明下列名詞之意涵：（每小題 4 分，共 20 分）

（一）有效應力（effective stress）

（二）土壤液化（liquefaction）

（三）相對密度（relative density）

（四）過壓密比（overconsolidation ratio）

（五）滲透係數（hydraulic conductivity）

（108 三等-土壤力學與基礎工程#1）

參考題解

（一）有效應力（effective stress）

土壤中之有效應力等於垂直向總應力減去孔隙水壓力，即

$$\sigma' = \sigma_v - u_w = \sigma_v - (u_{ss} + u_s + u_e)$$

（二）土壤液化（liquefaction）

指飽和砂土受到地震力或震動力作用，砂土顆粒因而產生緊密化的趨勢，但因作用力係瞬間發生，顆粒間的孔隙水來不及排除，此時外來的地震力或震動力將由孔隙水來承受，因而激發超額孔隙水壓，使砂土有效應力降低，當砂土的有效應力變為零時，土壤抗剪強度亦變為零（$\tau = \sigma' \tan\varphi' = 0 \times \tan\varphi' = 0$），此時的砂土呈連續性變形、類似流砂（Quick Sand）現象，砂土顆粒完全浮在水中，宛如液體，稱之液化。

（三）相對密度（relative density）

通常以相對密度（Relative Density, D_r）（或另稱密度指數 Density Index）表示粒狀土壤緊密程度：

$$D_r(\%) = \frac{e_{max} - e}{e_{max} - e_{min}} = \frac{\gamma_{d,max}(\gamma_d - \gamma_{d,min})}{\gamma_d(\gamma_{d,max} - \gamma_{d,min})}$$

e_{max}：土壤最疏鬆狀態下之孔隙比，此孔隙比為最大值

e_{min}：土壤最緊密狀態下之孔隙比，此孔隙比為最小值

e：待評估土壤之孔隙比

（四）過壓密比（overconsolidation ratio）

過壓密比OCR $= \sigma'_c/\sigma'_v$

σ'_v：目前所受的有效應力

σ'_c：稱預壓密應力，也是土層曾經受過的最大應力

OCR > 1.0 過壓密土壤

OCR $= 1.0$ 正常壓密土壤

OCR < 1.0 壓密中土壤

（五）滲透係數（hydraulic conductivity）

滲透係數又稱水力傳導係數。在均質均向條件下，滲透係數定義為單位水力坡度的單位流量，表示流體通過孔隙骨架的難易程度，表達式為：$\kappa = k\rho g/\eta$，式中 k 為孔隙介質的滲透率，它只與固體骨架的性質有關，κ 為滲透係數；η 為動力粘滯性係數；ρ 為流體密度；g 為重力加速度。

讀者回函卡

年　　　月　　　日

※ 請寄回讀者回函卡。讀者如考上國家相關考試，**我們會頒發恭賀獎金。**

讀者姓名：

手機：　　　　　　　　　　　　市話：

地址：　　　　　　　　　　　　E-mail：

學歷：□高中　□專科　□大學　□研究所以上

職業：□學生　□工　□商　□服務業　□軍警公教　□營造業　□自由業　□其他＿＿＿＿＿

購買書名：

您從何種方式得知本書消息？

□九華網站　□粉絲頁　□報章雜誌　□親友推薦　□其他＿＿＿＿＿

您對本書的意見：

內　　容	□非常滿意	□滿意	□普通	□不滿意	□非常不滿意
版面編排	□非常滿意	□滿意	□普通	□不滿意	□非常不滿意
封面設計	□非常滿意	□滿意	□普通	□不滿意	□非常不滿意
印刷品質	□非常滿意	□滿意	□普通	□不滿意	□非常不滿意

※讀者如考上國家相關考試，**我們會頒發恭賀獎金。** 如有新書上架也盡快通知。
　　謝謝！

廣告回信
台北郵局登記證
台北廣字第 04586 號

1 0 0 - 7 8
台北市中正區南昌路一段 161 號 2 樓

台北市私立九華職業補習班建築土木
收

106-110 年大地工程學（題型整理＋考題解析）

編 著 者：九華土木建築補習班

發 行 者：九樺出版社

地　　　址：台北市南昌路一段 161 號 2 樓

網　　　址：http://www.johwa.com.tw

電　　　話：（02）2351－7261~4

傳　　　真：（02）2391－0926

定　　　價：新台幣　400　元

ＩＳＢＮ ：978-626-95108-3-2

出版日期：中華民國一一一年十月出版

官方客服：LINE ID：@johwa

總 經 銷：全華圖書股份有限公司

地　　　址：23671 新北市土城區忠義路 21 號

電　　　話：（02）2262-5666

傳　　　真：（02）6637-3695、6637-3696

郵政帳號：0100836-1 號

全華圖書：http://www.chwa.com.tw

全華網路書店：http://www.opentech.com.tw